| 漫畫 |

為什麼有盈餘還是會倒閉？

從門外漢到讀懂MBA必修科目的7堂課

石野雄一——著 石野人衣——繪 蔡昭儀——譯

Financial Management

まんがで身につくファイナンス

CONTENTS

工藤結衣（29歲）

ZenTech採購部職員。長相甜美又有責任心，工作能力無可挑剔，個性親和，人見人愛。與翔太同為公司室內足球社的一員。

田端圭一（30歲）

ZenTech製造部職員。年紀雖輕，因工作表現傑出而獲得高度肯定。與翔太同期，兩人是經常一起喝酒的同伴。

陣內孝雄（43歲）

ZenTech財務部經理。大學畢業後，曾進入大企業就職，後赴美於史丹佛大學取得MBA學位，進入矽谷的創投企業。半年前ZenTech組織財務團隊，成立財務部時被挖角過來。與翔太和結衣是公司室內足球社的夥伴。

嵐山翔太（30歲）

ZenTech財務部職員。向來負責銷售推廣，從未涉足結算或會計相關業務，卻不知為何遭到異動，從營業部轉調至財務部。紓壓的方法就是下班後與同事聚餐，或是假日參加公司的室內足球社，流一場大汗，解消壓力。

村上信弘（32歲）

ZenTech營業部的菁英，曾經是翔太還在營業部時的前輩。總是看不起業績不振的翔太。

戈登・道格拉斯（54歲）

總公司、美國同業大廠TechFirst派來的ZenTech新社長。頂著哈佛大學MBA的高學歷，尤其擅長數字邏輯。頭腦冷靜、領導作風強勢，還有成本殺手的稱號。

電器製造廠「ZenTech」
ZenTech
股份有限公司
經理，您找我？
經理，您找我？
（營業部　嵐山翔太）
嵐山，你從今天開始轉調到財務部去。
營業部經理　今井健一
喓!?
什麼!?營業部不要我了是嗎？

放下
嘎!?真的嗎!?營業部不要我了嗎?
起身
…嗯,算是吧。你的口才是不錯,但業績不行啊。或許幫別人把業績謄寫到帳簿上的工作比較適合你。
你收拾收拾就過去吧!
轉身
轉身
怎麼這樣…我根本沒做過財務啊!

第1章

這樣下去可是會黑字倒閉喔！

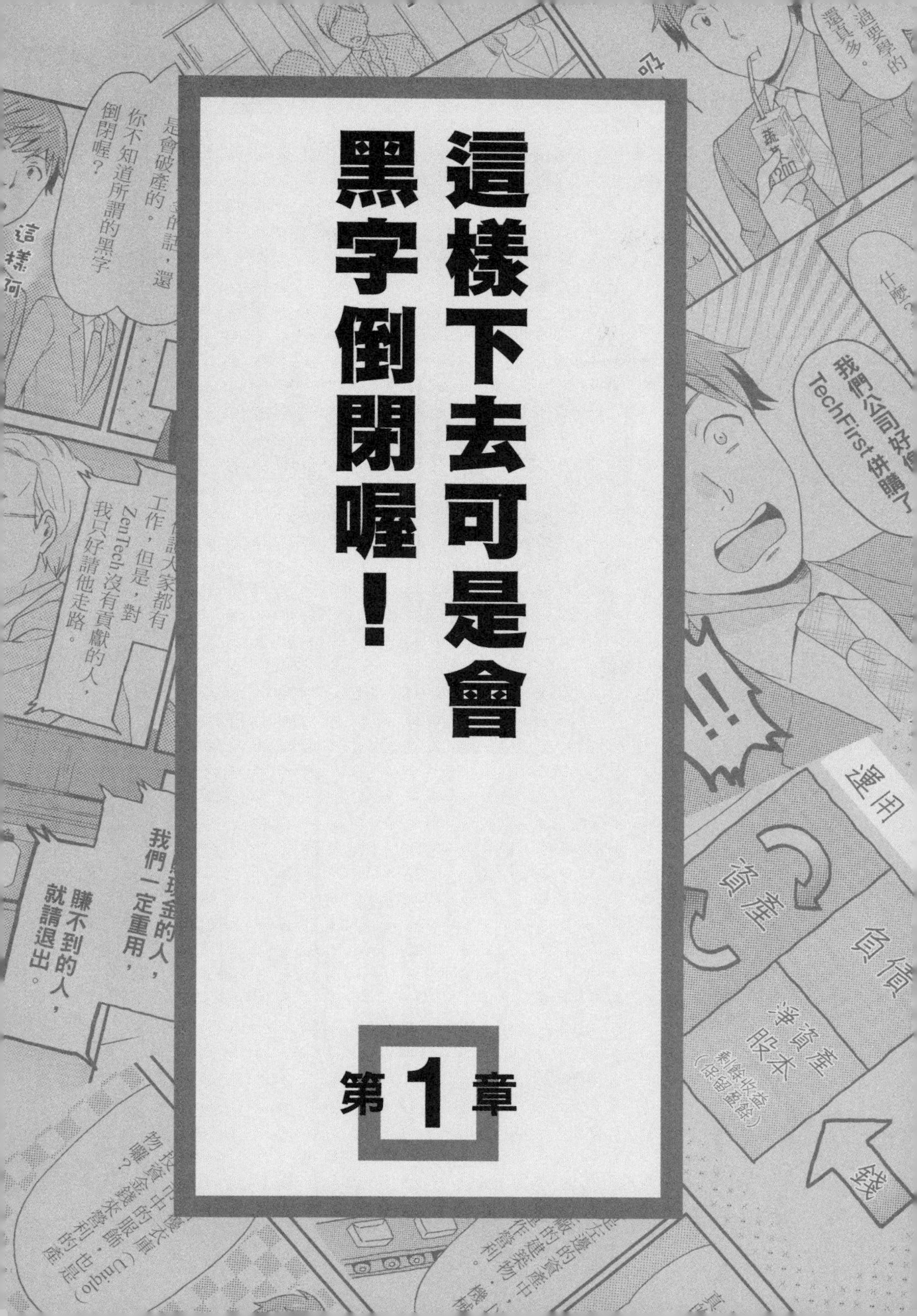

三個月後
財務部
騷動
騷動
財務部的工作總算有點習慣了，不過要學的還真多。
吸
咦…？
嘈
嘈
發生什麼事嗎？大家都在看新聞。
嵐山！你跑哪去了！出大事了啦！
什麼？我去餐廳啊…怎麼了？
我們公司好像被TechFirst併購了！
!!

來電
鈴鈴鈴
鈴鈴鈴
鈴鈴鈴
鈴鈴鈴
真的嗎！為什麼？
詳細情形大家都還不清楚啦！
鈴鈴鈴
是，是，我們也還在確認中…
很抱歉！
鈴鈴鈴
嵐山！不要在那發呆！
鈴鈴鈴
給您添麻煩了……
稍後我會再跟您聯絡…
請先稍安勿躁！
我想大家都看到新聞了…
我們公司已經納入TechFirst旗下。
会議室
A
使用中
財務部
新社長會從TechFirst派過來。

今天晚上7點在總公司的大講堂，新社長會向我們說明公司今後的方向。
我們財務部要負責安撫債權人和股東，接下來會忙一陣子，希望你們要沉著應對，
報告完畢。
財務部經理　陣內孝雄
呃…請問，我們接下來要怎麼做…？
走吧
經理也還不知道啦，
走啦！
走吧
滴答
滴答
滴答
大講堂
ZenTech過去曾經生產很多優秀的產品，
大講堂

但是現在的ZenTech卻岌岌可危。
最近的結算，帳面上看起來是有盈餘，很多人就以為業績還過得去。
ZenTech新社長
戈登．道格拉斯
其實ZenTech的現金，很可能再幾個月就要見底了。
這次雖然靠TechFirst的金援才得以維持，
但是危機可一點也沒有改變。
我不懂耶，為什麼有盈餘還會岌岌可危呢？
蛤!?

因為盈餘和現金不一樣啊！
就算公司有盈餘，可是沒有現金的話，還是會破產的。
你不知道所謂的黑字倒閉喔？
採購部　工藤結衣
這樣啊
結衣妳怎麼會懂這些？
人家我大學可是念企管系耶。
我保證大家都有工作，但是，對ZenTech沒有貢獻的人，我只好請他走路。
從今以後，我們公司要以企業價值為經營導向！意思就是，我們不再是業績．利潤至上主義，而是現金流量至上主義。
會賺現金的人，我們一定重用，
賺不到的人，就請退出。
居酒屋
嘎啦
歡迎光臨！

唉呀，不得了了呀！
咯
我們部門也議論紛紛呢。
麻煩你，我要中杯生啤。
今後會變怎麼樣啊…
咦，翔太你在做什麼？
嘩
嘩
我在聽結衣老師講課呢，
你也一起來聽聽。
她在教我新社長說的那個現金什麼的。
製造部　田端圭一
你不是調到財務部了嗎？連這也不懂？
你就懂？
……
～♪
來，要繼續講了喔。
比如說，翔太交了一台200萬圓的車給客戶，
交車的時候，帳面上就會記入這筆200萬圓的銷售金額。

而製作這台車所花的費用，例如原料費或是人事費、研發費等等，
假設總共150萬圓好了，也要同時計入帳簿，這麼一來，就產生了50萬圓的利潤。
會計帳簿
銷售額200萬圓
費用△150萬圓
利潤50萬圓
財務帳簿
收入0圓
支出△150萬圓
收支△150萬圓
※△為負值
沙
沙
這我知道啊。
你看看現金，
雖然有50萬圓利潤，但客戶如果沒付款，我們手上就沒有錢。
那是當然。
而製造車子要花的150萬圓可能事先就已經花出去了喔。
換句話說，我們這邊支出了150萬圓現金，
這樣下去，錢遲早要見底，
公司就玩完了。

所以說不能因為有利潤就高枕無憂，
還得注意手邊的現金囉。
對，說得誇張一點，即使赤字連連，只要能向外調度現金，公司就不會破產。
看你們兩個，好像結衣才是財務部的。
話說回來現金不是本來就由你們財務部負責把關的嗎？
財務部是半年前才剛成立的呀。
以前好像是會計部裡有財務小組，但聽說根本沒在運作。
財務小組升格變成財務部，
財務經理還是從別的公司挖角請來的呢。
哦？然後呢？財務經理是誰？
叫做陣內。
我們一起參加室內足球社，他人還不錯喔。

而且感覺好像處變不驚。
這樣既沒有效率也很花錢，改變做法吧！
我們部門一直都是這樣做的啦！
應該說頭腦很清楚……我們部門好像沒有這種類型的人呢。
你這種型的，我們部門也沒見過啊。
?
話說回來，今天栃木工廠的朋友打電話來問我，
平日特價
贈送生啤酒
說我們公司有資本，保留盈餘也很多，為什麼還岌岌可危？
對對，我在大講堂也聽到有人這麼說。
關東煮
上市
那是因為他們不懂資產負債表啊。
資產負債表（Balance sheet）是用來顯示企業在某段時期金錢調度與運用的報表。
沙
沙
沙

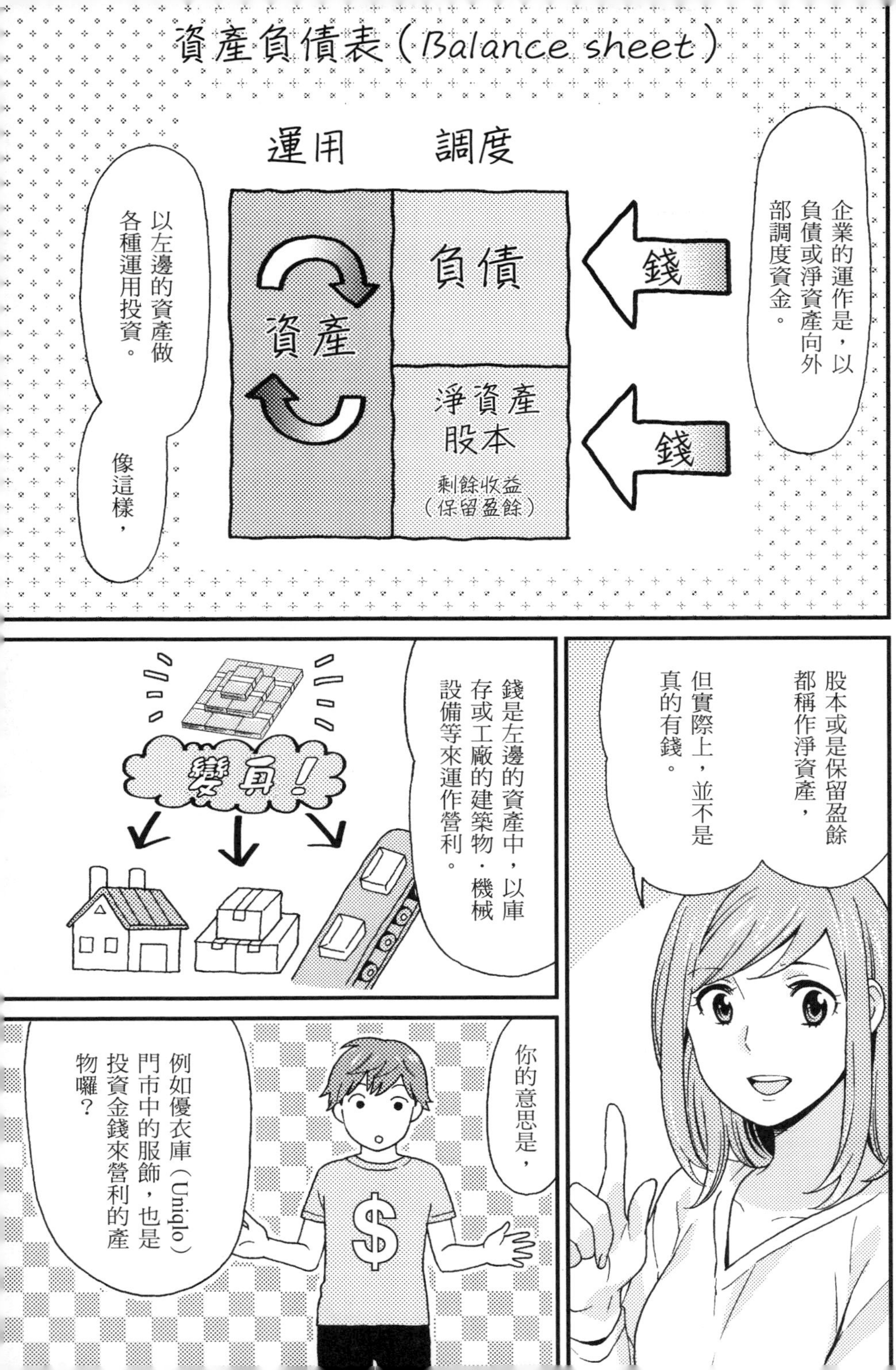
資產負債表（Balance sheet）
企業的運作是，以負債或淨資產向外部調度資金。
運用
調度
資產
負債
淨資產
股本
剩餘收益（保留盈餘）
錢
錢
以左邊的資產做各種運用投資。
像這樣，
股本或是保留盈餘都稱作淨資產，
但實際上，並不是真的有錢。
錢是左邊的資產中，以庫存或工廠的建築物・機械設備等來運作營利。
變身！
你的意思是，
例如優衣庫（Uniqlo）門市中的服飾，也是投資金錢來營利的產物囉？

對，所以不管股本和保留盈餘有多少，那些錢都不能用。
麻煩結帳。
資產負債表左上方如果沒有現金及約當現金的話，就一點辦法也沒有了。
但就算結算日當天現金有餘額，也不是馬上就可以用。
總共4千6百圓。
因為公司的錢隨時都在流動。
可以使用信用卡！
哇～我完全不知道，
長知識了！
咀嚼
咀嚼
財務部真的不要緊嗎…

收益和現金不同

你知道**會計**（Accounting）和**財務**（Finance）有什麼不同嗎？

首先，會計算的是「**利益**」，財務則是管「**現金（cash）**」。這裡的「利益」，簡單說，就是「營業額減去費用所得的結果」。

「利益」不能用來買東西。因為「利益」沒有實體，它只是個抽象的概念而已。換句話說，就是虛擬的。

而現金反映的是現實中金錢的流動。

營業額或費用與現金的實際出入無關，而是商品銷貨給客戶時、商品進貨時，記錄在帳簿上的會計程序。這就是造成「會計上的利益」與「現金餘額」不同的原因之一。

由於利益與現金的差異，企業就算有盈餘，也會因為現金不足而破產，稱為

黑字倒閉。指的是即便帳簿上有銷貨也有盈餘，但無法從客戶端收到貨款，資金調度困難之下，便不幸破產的情形。

那麼，為什麼還需要「利益」呢？

如果企業像專案一樣，一段期間就終結的話，並不需要產生「利益」。因為專案結束後，只要將剩餘的錢分配給資金提供者就好了。也就是說，專案結束時，有貸款就先償清，剩下的就是依股東的出資比例分配餘額，即可圓滿落幕。

但企業實際的運作是如何呢？在營業活動持續進行的前提下，有著各種制度。維持運作的企業必須強迫性地以一年為期計算盈餘。

計算盈餘的目的大致可分為三項：

一、為了計算稅金。根據課稅前的本期淨利來計算稅金。

二、為提供資金的股東決定分配多少股利。

三、最後是以「盈餘」來向企業內外宣告業績的好壞。

因此「盈餘」的概念確有必要，不過，我希望大家先記住**現金攸關企業存續，這是極重要的觀念**。

■ One world, one rule 統一準則

會計所算的「利益」，其實可依當時的會計準則或經營者的判斷而有所調整。所以我們常說「**利益代表意見**」。

所謂會計準則，簡單說，就是結算表的相關製作規則。雖然一直以來都有人呼籲 One world, one rule，以國際會計準則作為全世界統一的會計準則，但實際上仍是各國各自為政。例如日本有自己的會計準則，美國也有自己的會計準則。

即使是同一個企業，也會因採用不同的會計準則，而算出不同的「利益」。

相對的，財務所計算的「現金」，不管用什麼會計準則，餘額都不會改變。所以人們才說「**現金代表事實**」，或是「**現金不會說謊**」。

■過去還是未來

會計和財務上所針對的「時間軸」也不同。

會計計算的是「**過去**」的業績，財務報表的借貸對照表或損益表、現金流量表，這些報表都是過去的數字。即便可以用來當作未來的參考，但並不具任何保證。

相對的，財務所計算的「**未來**」數字，即是企業將來會產生的現金流量。所謂現金流量，是指因企業活動而發生的現金流動。

近幾年來，企業經營者開始重視財務管理，正因為財務著眼於「未來」，這些經營者切身感受到思考「現在」與「未來」的必要。

經營者必須在「現在的投資」與「未來的獲利」之間取得平衡。現在不投資，未來就沒有獲利，這是天經地義的。

當然，話雖如此，也要切記不能好高騖遠，但既然要增加現金，投資就不能太保守。經營者要隨時留意現在與未來的財務平衡。

計算「利益」或「現金」，以及在時間軸上是針對「過去」還是「未來」，這兩點應該算是會計與財務管理最大的不同吧。

■借貸對照表

所謂財務報表，是由**借貸對照表**、**損益表**、**現金流量表**所組成，我先從借貸對照表開始說明。

借貸對照表就是資產負債表（Balance sheet），簡稱ＢＳ（以下統一稱資產負債表）。如第26頁的圖表1所示，左側是「**資產**」，右側上方是「**負債**」，下方則是「**淨資產**」。之所以稱為Balance sheet，並不是因為左右要維持平衡，Balance指的是餘額，**資產負債表就是餘額表**。

容我補充，資產負債表表示的是企業資金的「調度」與「運用」，也就是企

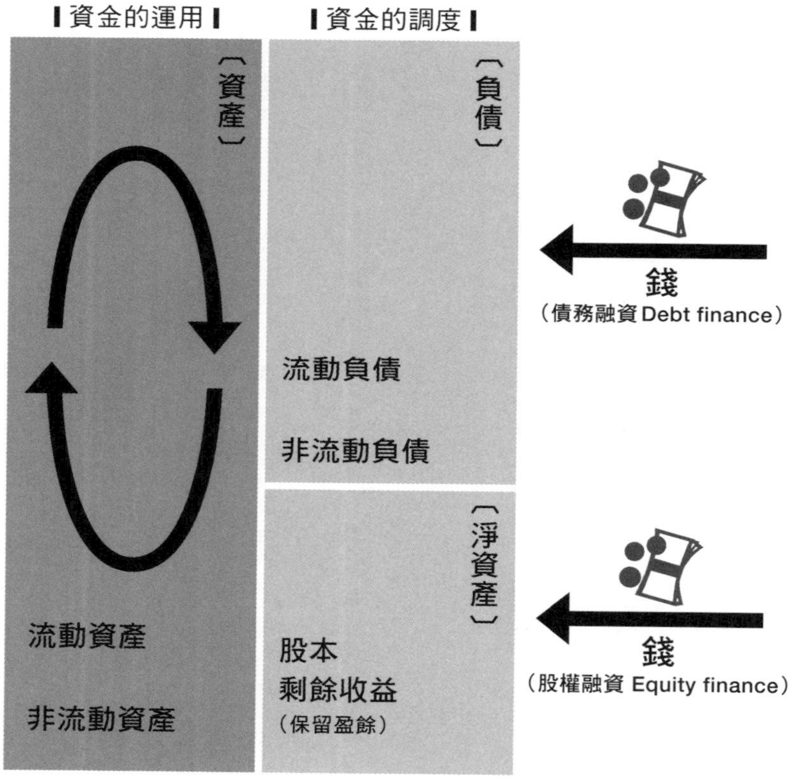

【圖表1】 資產負債表的結構

業如何調度資金，可能是以負債（有利息負債）的形式，也可能是淨資產（股東資金〈發行股票〉）的形式，以及調度來的資金會如何運用。

企業將負債或淨資產所調度的資金（現金），運用於左側的資產項目中來產生獲利，這就是最基本的概念。

損益表是表示銷貨、利益的金額，一般人大概可以理解，但是對資產負債表摸不著頭緒的人，其實很多。

財務報表中的資產負債表非常重要，因為從資產負債表就可以看出企業如何用錢，也就是資產都運用在什麼地方。

■資金調度有兩種方法

接著，我們來談談企業調度資金的方法。

基本上，有「**有利息負債**」與「**股東資金（發行股票）**」兩種方式。有利息貸款稱為Debt，股東資金則叫做Equity。藉著有利息負債的資金調度是「**債務融資Debt finance**」，靠股東資金調度則是「**股權融資 Equity finance**」

■分解資產負債表

資產負債表分為資產、負債、淨資產三個部分。

若更進一步細分，資產可分為「**流動資產**」、「**非流動資產**」，負債則有「**流動負債**」、「**非流動負債**」，淨資產是「**股本**」與「**剩餘收益**」。

首先是「流動資產」（參照圖表2）。

簡單來說，流動資產就是「**一年內可變現的資產**」。具體的科目有**現金**·**銀行存款**、**金融資產**、**應收票據**、**應收帳款**、**存貨**。

非流動資產是投資之後「**超過一年以上才能變現的資產**」，可大致分為**固定資產**、**無形資產**、**其他投資**。

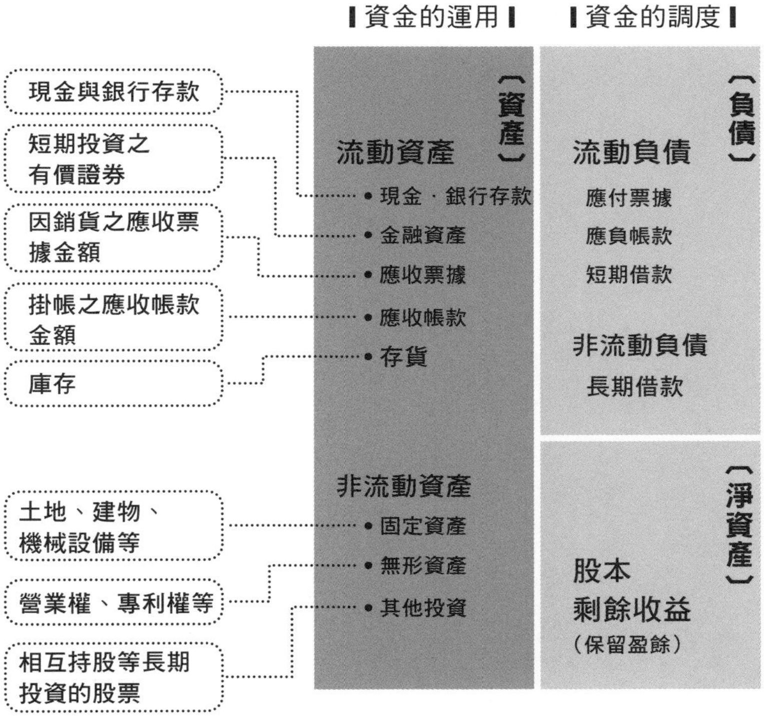
資金的運用
資金的調度
（資產）
流動資產
現金・銀行存款
金融資產
應收票據
應收帳款
存貨
非流動資產
固定資產
無形資產
其他投資
（負債）
流動負債
應付票據
應負帳款
短期借款
非流動負債
長期借款
（淨資產）
股本
剩餘收益
（保留盈餘）
現金與銀行存款
短期投資之有價證券
因銷貨之應收票據金額
掛帳之應收帳款金額
庫存
土地、建物、機械設備等
營業權、專利權等
相互持股等長期投資的股票

【圖表2】 資產負債表資產部分的項目內容

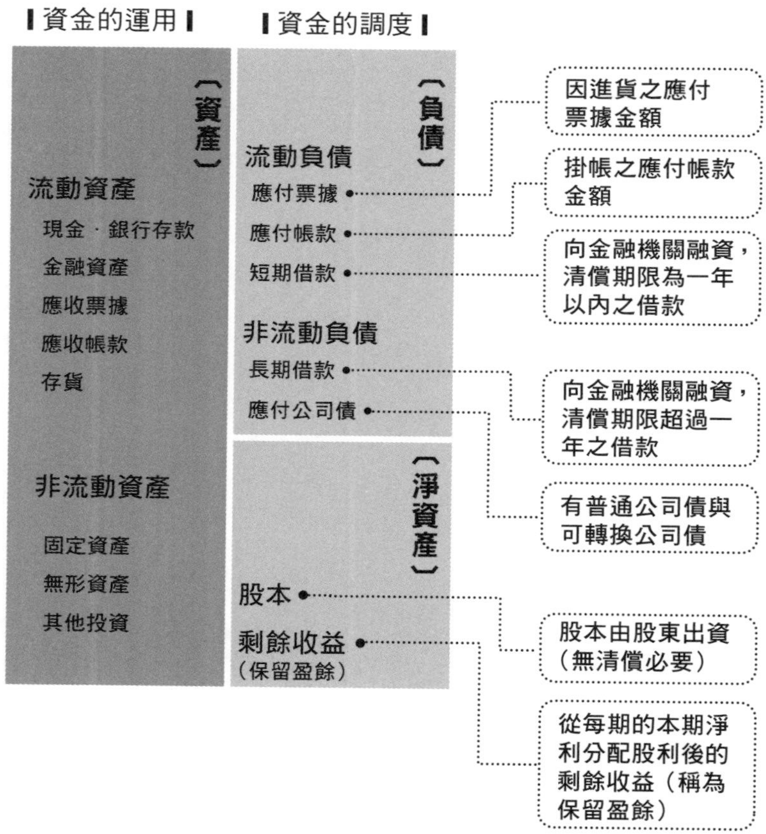

【圖表3】 資產負債表負債・淨資產部分的項目內容

接下來是負債，如先前所述，可分為「流動負債」與「非流動負債」。流動負債指的是「**一年之內必須清償的負債**」，例如應付票據、應付帳款、短期借款（參照圖表3）。

而非流動負債就是「**清償期限超過一年的負債**」，科目有長期借款、公司債。

淨資產的部分是「資金」與「剩餘收益」，資金是企業創立時股東所投入的錢，不必償還。

剩餘收益則是企業一年的獲利扣除分紅之後所累積的純益，一般稱為**保留盈餘**。

■保留盈餘用不得

有人以為股本和保留盈餘（剩餘收益）是可以實際動用的錢。先前我說明資產負債表是用來表示資金的調度和運用，右側的負債・淨資產部分，純粹是要說明資金如何調度而已。

股本或保留盈餘並不是為了動用而留下來的。公司預留的股本或保留盈餘會在資產部分轉變成應收帳款和存貨，或是土地和建物的形式。因此，股本的大小與資金調度並無關連。

那麼可以動用的錢在哪裡呢？其實是資產負債表的流動資產中「**現金與銀行存款**」。

不過，表上所記「現金與銀行存款」的餘額是結算日當天的餘額，並不是現在實際的餘額。

所謂的資產負債表，是擷取結算日當日的數據所製成，但事業活動每天都在進行，時時刻刻都會發生變化。

■從PL經營到BS經營

現在企業所處的環境，其實是從過去的PL經營轉變成BS經營。所謂PL是Profit and Loss Statement的縮寫，損益表的意思。本書所說的PL經營，是指重視損益表的經營方式，「提升業績」、「縮減成本提高收益」等，單就損益表討論的經營方針。

假設你今年的營業收益金額比去年提升了二倍，只看PL的PL經營者一定會大大地嘉許一番。

但是，重視BS的經營者，就不會太褒獎。這是為什麼呢？

因為營業收益只是著重「表象」，對於這個「表象」是怎麼來的、其「內涵」為何，他們並不討論。

經營管理中的「內涵」又是什麼呢？我們叫做經營資源（人、物、金錢、資訊、時間）。假設你今年投入比去年多十倍的經營資源，結果才得到二倍的營業收益（表象），那自然是得不到讚揚了。

■損益表的五個收益

損益表比資產負債表單純得多，就是表示銷貨收入扣除費用後得到多少收益（或損失）的報表。

所謂的**收益**，有**銷貨毛利**、**營業利益**、**經常利益**、**稅前淨利**、**本期淨利**這五項。接下來我將會逐項說明，請參照第35頁的圖表4。

首先是銷貨收入，即企業所提供產品或商品、服務的販售金額。再來是銷貨成本，製造商有原料費、勞務費、機械設備等折舊費作為製造成本，零售業則是商品的進貨成本。

銷貨收入減去銷貨成本，就得到銷貨毛利，通常就簡稱**毛利**。銷貨毛利是一家公司的附加價值，換句話說，這項數據表示一家公司的產品或商品、服務能有多少附加價值。

銷貨毛利減掉銷管費用得到的就是營業利益。「**銷管費用**」包括人事費、研

①銷貨收入	產品・商品・服務的銷貨額
②銷貨成本	產品的製造成本或商品的進貨金額
③銷貨毛利＝①－②	表示附加價值多寡之利益
④銷管費用	銷貨活動或管理活動所支付之費用
⑤營業利益＝③－④	表示本業營運之利益
⑥營業外收入（依權益法所收取之利息、股利等投資利益）	營業活動以外繼續產生之收益
⑦營業外費用	營業活動以外繼續產生之費用
⑧經常利益＝⑤＋⑥－⑦	平日的營業活動或財務活動所產生之利益
⑨非常利益	特殊因素所產生之利益
⑩非常損失	特殊因素所發生之損失
⑪稅前淨利＝⑧＋⑨－⑩	企業的一切活動所產生之利益
⑫所得稅	本期所得依稅法計算之稅金
⑬本期淨利＝⑪－⑫	扣除稅金後最終剩餘之利益

【圖表4】 損益表之內容（日本會計準則）

究開發費、廣告宣傳費等，為銷貨產品或商品、服務時所需的費用或管理活動的開銷。而營業利益也可說是「**表示本業生財能力的數據**」。

營業利益中，本業以外的收益和費用（利息收入或利息支出等）加減之後所得到的，稱為經常利益。經常利益不只是本業所賺得的收益，還有其他財務活動的相關收益和費用都考慮在內。

補充說明，經常利益是只存在於日本會計準則的收益概念。減去利息支出後的經常利益在日本之所以受到重視，據說是因為日本企業一般都向銀行貸款以調度資金。

再下來的非常利益和非常損失，顧名思義，就是因特別情形所發生的暫時收益或損失。而所得稅扣除之後就是本期淨利了。

■營業活動所產生的現金流量

接著是有關現金流量表的說明。請參照第39頁的圖表5。現金流量表是表示企業有多少現金收入和現金支出的報表。想知道資產負債表中一年的現金與銀行存款增減的原因，看現金流量表便一目瞭然。

現金流量表分成三個部分，分別是「**營業活動的現金流量**」、「**投資活動的現金流量**」以及「**財務活動的現金流量**」。

從「營業活動的現金流量」可得知企業產生現金的能力。股票上市的企業中，也有損益表顯示黑字，但「營業活動的現金流量」呈現負值的企業。其原因如先前所述，收益和現金是不同的。換句話說，銷貨增加所產生的收益，如果沒有收到貨款，手邊就沒有現金。資金周轉就會發生問題。

因此，「營業活動的現金流量」呈現負值表示經營上可能有問題。

■投資活動所產生的現金流量

接著是「投資活動的現金流量」，這項數據顯示企業做了多少投資。「投資活動的現金流量」中所出現為取得固定資產的支出額，與「營業活動的現金流量」中出現的折舊費用比較之下，就可以得知企業是否積極進行設備投資。成長期的企業有必要增強設備，支出額多半會比折舊費用高出許多。而成熟期的企業，支出額與折舊費用大約持平，或是折舊費用較高的傾向居多。因為設備投資只需要維持設備的最低限度即可。

不過，若要積極從事投資活動的話，就不能只是這樣。營業活動以外的投資，也可能會有過度投資的憂慮。因此，比較兩項數據時，必須注意平衡。所謂的投資，就是企業有現金支出（Cash out），以「負（△）」表示。

再看「營業活動的現金流量」，如果經營妥善，企業就會有現金收入，報表上顯示為「正」。兩項數據加起來仍為正值，表示這個企業的營業活動所賺得的現金足以填補投資活動的支出，也就可以縮減有利息負債、配股或買進股票，來回饋股東。

現金流量表 （億圓）		
I 營業活動的現金流量		
①稅前淨利	361	
②折舊費用	232	
③有價證券賣出損益（△為收益）	△11	
④固定資產賣出損益（△為收益）	0	
⑤銷貨債權的增減額（△為增加）	△65	
⑥盤點資產的增減額（△為增加）	△50	
⑦支付債務的增減額（△為減少）	23	
⑧其他資產、負債的增減額	138	
⑨所得稅等支付額	△231	
營業活動的現金流量	397	①
II 投資活動的現金流量		
①定期存款的純增減額（△為增加）	96	
②固定資產賣出的收入	0	
③固定資產買進的支出	△532	
④投資・有價證券買進的支出	△42	
⑤投資・有價證券賣出的收入	17	
投資活動的現金流量	△461	②
III 財務活動的現金流量		
①短期借款的純減少額	△11	
②長期借款的收入	289	
③長期借款清償時的支出	△21	
④配股的支付額	△50	
財務活動的現金流量	207	③
現金與約當現金的增減額	143	(=①+②+③)
現金與約當現金的期初餘額	523	
現金與約當現金的期末餘額	666	

營業活動的現金流量：
- 可以得知企業能夠產生多少現金
- 此項現金流量的水準比同業其他公司高時，就表示有競爭力（可比較其他公司的營業CF（現金流量）／銷貨收入或是營業CF／投入資本的比例）
- 此項現金流量呈現負值時，表示經營可能有問題（但事業草創初期不在此限）

投資活動的現金流量：
- 可得知投資的標的與金額
- 比較折舊費和固定資產買進的支出，可以更積極掌握設備投資的細節
- 必須注意與營業CF的平衡（FCF連續2期呈現負值就是黃燈）

財務活動的現金流量：
- 可以掌握現金是否不足或資金調度方法與財務政策
- 呈現正值時，表示因必要的資金不足而有新的資金調度
- 呈現負值時，表示營業活動賺取足夠現金，可縮減有利息負債或配股・買進公司股票，以回饋股東

【圖表5】 現金流量表的詳細內容與想法

「營業活動的現金流量」與「投資活動的現金流量」的合計稱為「**自由現金流量（簡便法）**」。但估算事業價值時所使用的自由現金流量又是別的定義，在之後第3章會有詳細解說。這裡所說的自由現金流量（ＦＣＦ）若連續二期出現負值的話，就必須注意。因為有可能是投資活動沒有與營業活動連動。

「投資活動的現金流量」與「營業活動的現金流量」保持平衡是相當重要的。

■財務活動所產生的現金流量

由「財務活動的現金流量」，可得知企業的營業活動與投資活動是否有現金不足的情況，也能掌握資金的調度方法。換句話說，可以了解企業的財務策略。

例如，關於資金調度，是從金融機關貸款，或是發行公司債或股票，都可從報表得知。當有資金調度時，會以「正」表示。

反之，借款或公司債已清償，或是支付配股時，就以「負（△）」表示。

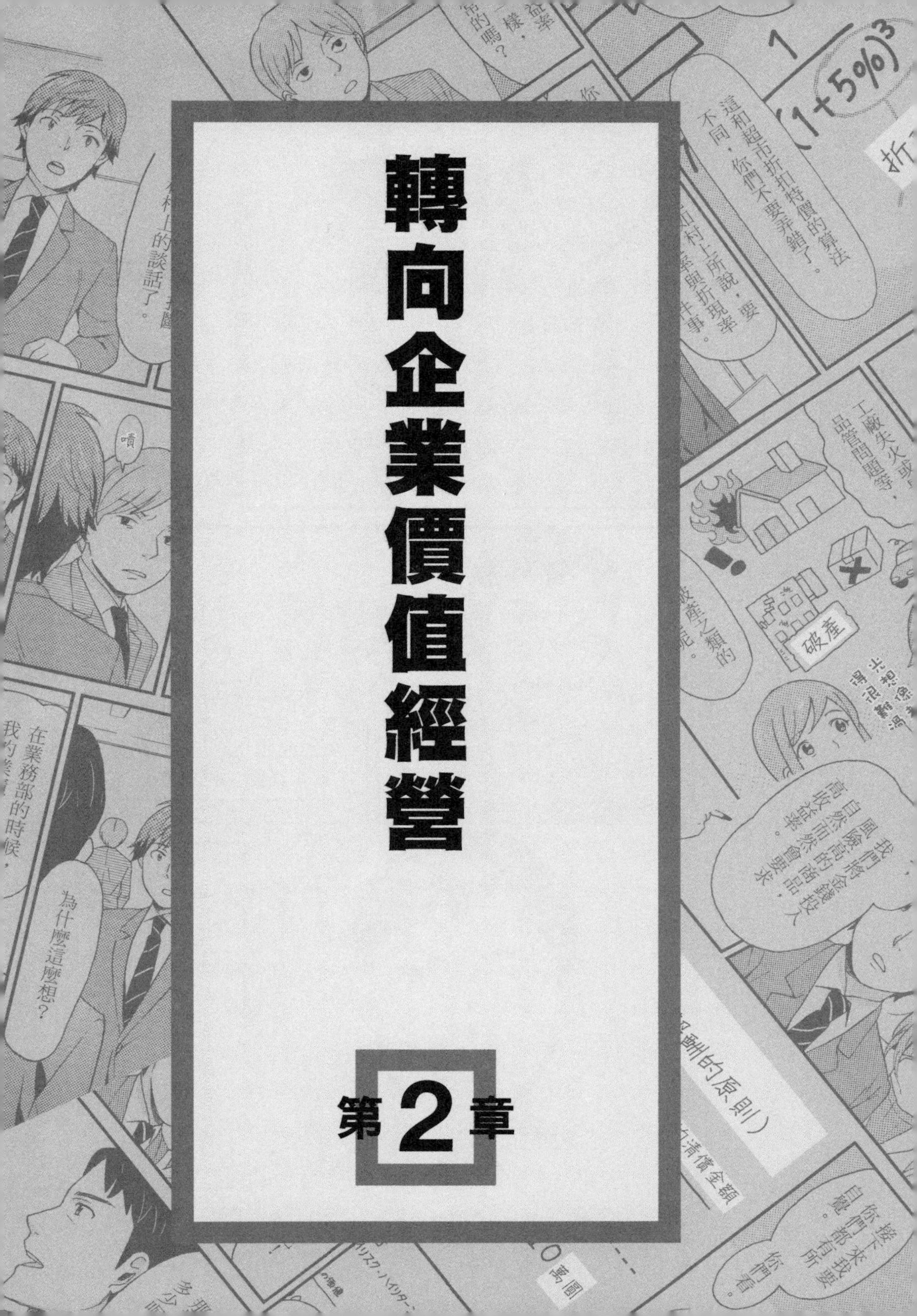

第2章

轉向企業價值經營

會議室
B
使用中
突然叫我們來會議室，有什麼事嗎？
喀噠
我也不知道。
都是不同部門的人…到底要做什麼啊？
我可不是閒著沒事做耶…
營業部　村上信弘
喀恰
都到齊了啊。
！
陣內經理！
事出突然…你們全部都被選為重建專案小組的成員。
喀
重建必須是組織整體連動執行，所以從各主要部門選出成員。

營業部的村上、
採購部的工藤、
製造部是田端，
還有小組長是財務部的嵐山。
嵐山是小組長…!?
!
蛤？小組長？
這個專案小組的任務是研擬提升企業價值的具體策略，還有在執行時提供支援。
首先最優先的課題就是設法積攢100億圓現金，準備1年後要清償公司債。
清償公司債？
公司債是為調度資金所發行的債券。
一年後就是償還的期限了。

1年的時間要積攢現金100億圓，有可能嗎？
不是有沒有可能的問題，而是已經非做不可。
今天下午，你們要學會達成任務所需最基本的財務知識，
由我親自上課，手邊的工作先趕緊找人接手，
你們的上司都已經同意了。
解散！
他那個課…我跟得上嗎
陣內經理請留步。
什麼事？
為什麼是嵐山當小組長啊？
為什麼？你的意思是？
我認為我比較能夠勝任。
您可能不清楚，嵐山在業務部的時候根本是個冗員。
小組長是我和社長討論決定的。
但是…

陣內經理能借一步說話嗎…
啊，不好意思，打斷您和村上的談話了。
我的話已經講完了，失陪。
轉身
嘖
？
嵐山，什麼事？
喔，是…那個，我真的可以勝任小組長嗎？
村上應該比較適合吧…
為什麼這麼想？
在業務部的時候，我的業績是慘不忍睹呀。
村上和我正好相反，他可是業務部的菁英。
村上
嵐山

嵐山，你知道英文的Leader是領導者的意思吧？
你覺得「領」這個字是要領向哪裡呢？
是未來，而不是過去。
選你來領導不是因為你的過去，
而是要你展望未來。
不用擔心！
我相信你。
是！

會議室
B
那我們就開始吧！
你們一定要學好財務的基本知識。
首先我們來談談最基本的觀念。
那就是金錢的時間價值。
時間價值……？
我了解你們的訝異。
田端我問你，
現在的100萬圓與3年後的100萬圓，
如果是你，你會選哪個？
現在的100萬
3年後的100萬
呃…如果可以得到100萬圓的話，
我會選現在的100萬圓。

為什麼？
嗯——3年後您可能會改變主意……
喔不對！把現在的100萬圓存到銀行，3年後就有利息了呀。這就比3年後的100萬圓還多出了利息！
3年過後
現在
100萬
利息
100萬
對，現在的100萬圓過一段時間後，就會多出利息的價值。
金錢的時間價值
我們稱之為金錢的時間價值。
反過來想，3年後的100萬圓對現在的我們來說，就沒有100萬圓的價值。
筆記筆記
嗯～好像有點懂了。
我們具體的想想看，將100萬圓以5％的利率存在銀行3年，3年後帳戶餘額會變多少？
100萬
利息5%
×3年=?

1年會產生5萬圓利息，不就變成115萬圓嗎？
確實可以像你那樣用單利計算的方式來算利息。
不過財務一般都採用複利計算。
1年後存款餘額會變成105萬圓，到這步驟都一樣。這個餘額再加上5%的利息，2年後就變成110.25萬圓，
然後這個餘額再加5%的利息，3年後餘額就變成115.76萬圓
嘰嘰
100*(1+5%)=105
⇨1年後的存款餘額
105*(1+5%)=110.25
⇨2年後的存款餘額
110.25*(1+5%)=115.76
⇨3年後的存款餘額
這金額比單利計算還大，是因為複利計算把利息再滾進本金生息。
沒錯。
到時候的115.76萬圓就是現在的100萬圓，這就是3年後的未來價值，
到這邊都懂了嗎？

下一個重要的概念是，相對於未來價值的現在價值。
未來的錢對現在的我們來說，並沒有面額上的價值對吧？把未來的錢換算成我們現在看到的價值，就叫做現在價值。
現在…？我有點想不通了…
嵐山，
假設你想在3年後拿到115.76萬圓，年利率5%的銀行帳戶要存多少錢才夠？
呃…請稍等一下…
嗯…115.76……
剛才的例子是把100萬圓存在年利率5%的帳戶3年，算出115.76萬圓的未來價值。
倒過來想的話，3年後要拿到115.76萬圓，不就要先存100萬了嗎？
沒錯，3年後的115.76萬圓，現在價值就是100萬圓。

預期（要求）收益率
現在價值
$100\times(1+5\%)^3$
未來價值
100萬圓
115.76萬圓
$115.76\times\frac{1}{(1+5\%)^3}$
折現率
■ 將3年後的115.76萬圓以年利率5%折算便是100萬圓
■ 這裡的％稱為「折現率」，與預期（要求）收益率是一體兩面
■ 折現率、預期（要求）收益率會因投資對象的風險而有變動
這是現在價值與未來價值的關係，
這個圖是財務最重要的概念。
原來如此
結衣頭腦轉得真快～
將100萬圓以5%的折現率運用3年，便可算出未來價值是115.76萬圓。
這個5%可以稱為預期收益率或要求收益率，我們就先稱為要求收益率吧。
預期收益率
要求收益率
咚
收益率是不是和報酬率、利率一樣呢？

預期（要求）收益率
是的。
收益率＝報酬率＝利率。未來價值115.76萬圓，換成現在價值叫做折現，
這時用的比率就是折現率。
萬圓
1
(1+5%)³
折現率
這和超市折扣特價的算法不同，你們不要弄錯了。
您說要求收益率與折現率一樣，這是恆常的嗎？
你注意到重點了。
就如村上所說，要求收益率與折現率可視為同一件事。
到這裡沒問題吧？
那我問你們…
聽到風險這個字眼，你們有什麼想像？
（要求）收益率
現在價值
未來價值
工廠失火或是品管問題等，
客戶破產之類的也有可能呢。
破產
光想像都覺得很難過…

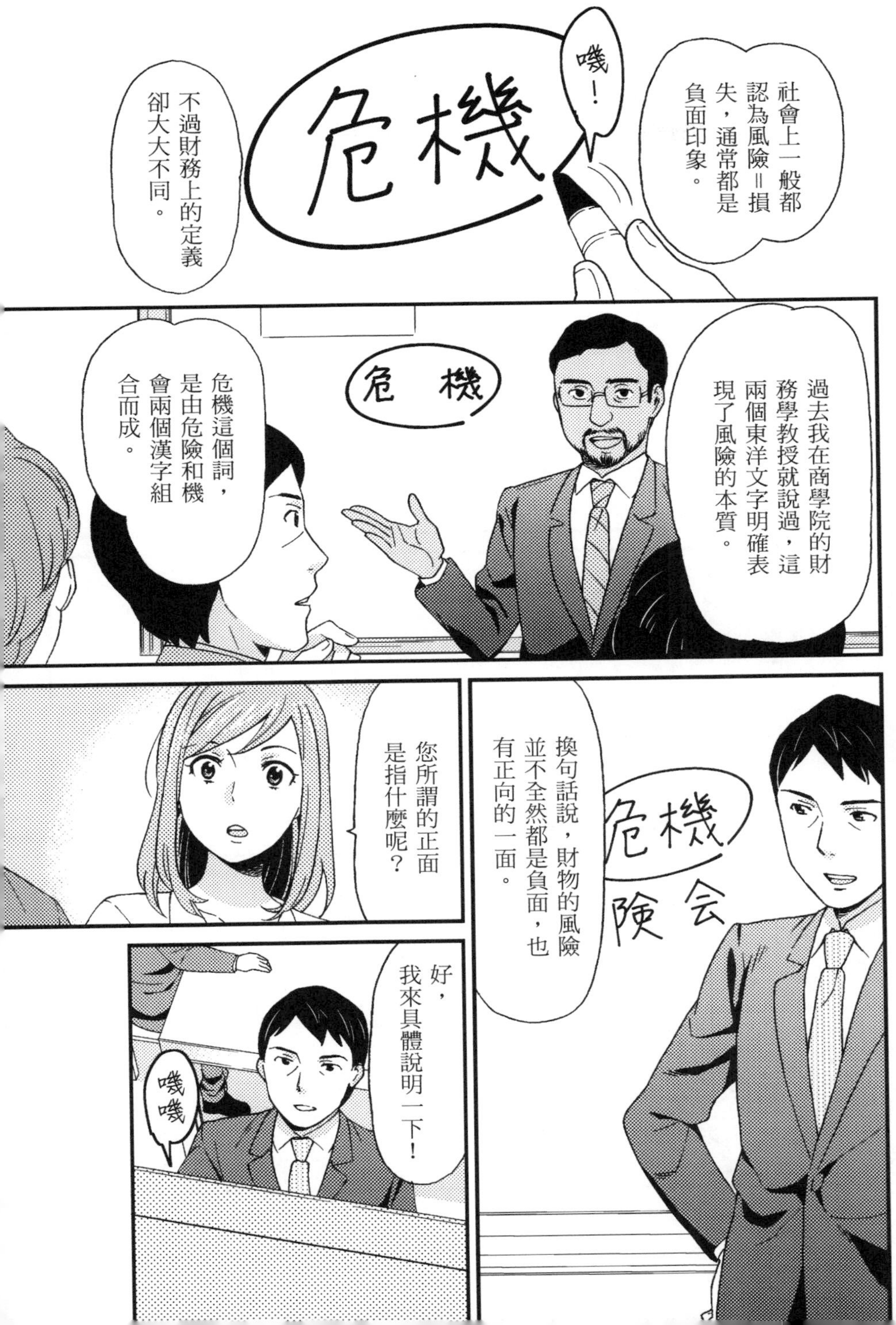
社會上一般都認為風險＝損失，通常都是負面印象。
嘰！
危機
不過財務上的定義卻大大不同。
過去我在商學院的財務學教授就說過，這兩個東洋文字明確表現了風險的本質。
危機
危機這個詞，是由危險和機會兩個漢字組合而成。
換句話說，財物的風險並不全然都是負面，也有正向的一面。
危機
険
会
您所謂的正面是指什麼呢？
好，我來具體說明一下！
嘰嘰

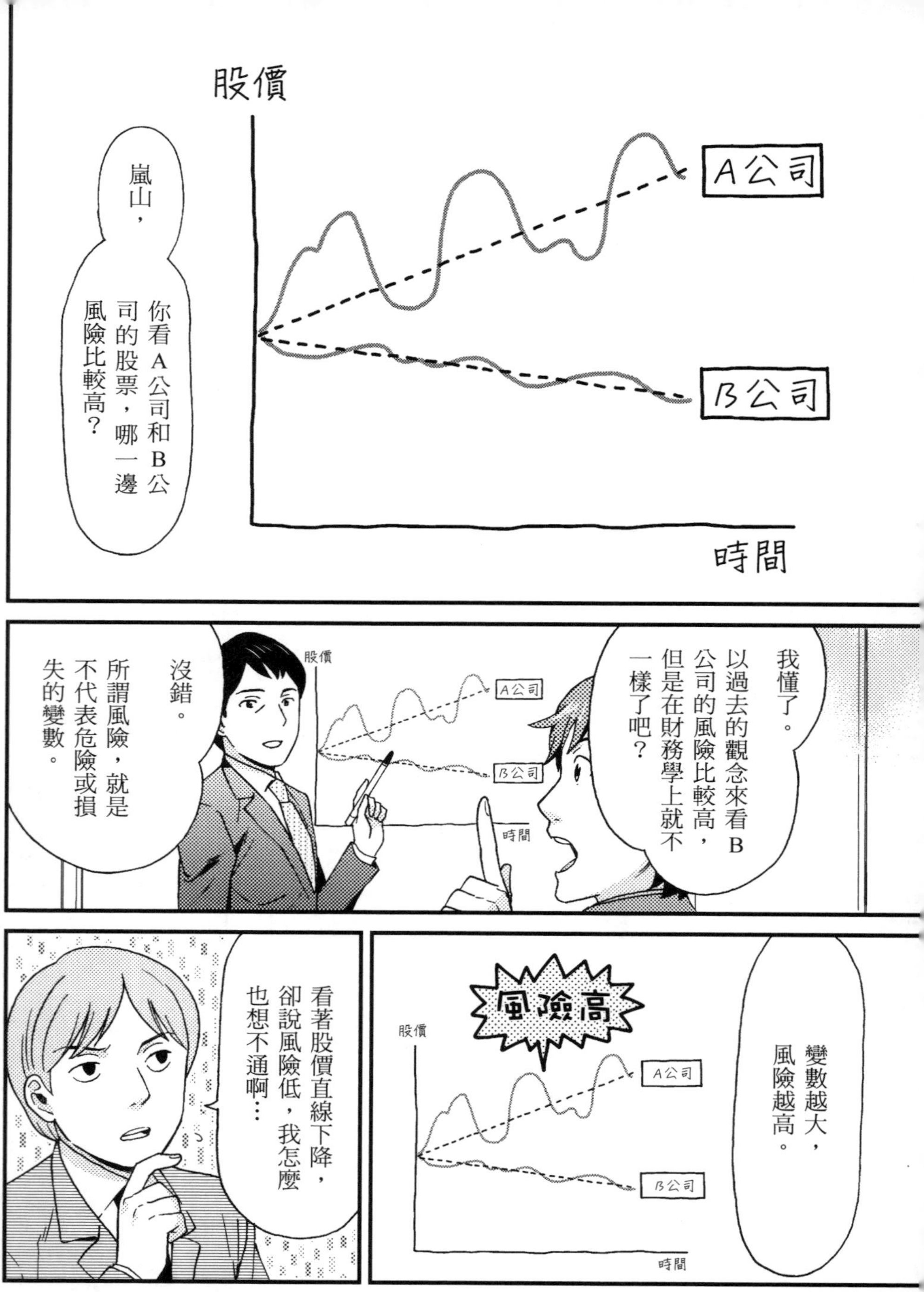

股價
A公司
B公司
時間
嵐山，
你看A公司和B公司的股票，哪一邊風險比較高？
我懂了。以過去的觀念來看B公司的風險比較高，但是在財務學上就不一樣了吧？
沒錯。
所謂風險，就是不代表危險或損失的變數。
變數越大，風險越高。
風險高
看著股價直線下降，卻說風險低，我怎麼也想不通啊…

你還用風險=損失在思考啊。如果知道將來會下跌，就可以用不同的策略，照賺不誤。
風險並不是危險或損失。
你們要記住，所謂風險，是預期未來結果的變數。
原來如此…
這樣一來，所謂的高風險・高報酬就有點說不通了呀！
嗯？
去銀行時理專總是跟我們說：
這項金融商品雖然是高風險，但相對的報酬率也很高。
那是不對的。
高風險指的是變數大，高報酬固然是很好但也可能是相反的情形。
那就是理專在說謊囉？

不，應該只是那位理專不懂而已。
高風險・高報酬真正的意義是，投資高風險商品時應該要要求高報酬。
Return BIG Please!
$
投資
所以說，不知道風險，也就是可能發生變數的程度，就不能投資，對嗎？
沒錯。
為什麼呢？
因為你不知道變數的程度，就沒辦法預估應該要求多少收益率。
但是許多人只會看報酬的數字論高低，
在我看來這是不對的。
數字的魔法⋯
嗯⋯我好像就是這種人。
對了，我有點不懂您剛剛寫在白板上的字。
您說要求收益率＝折現率會因投資對象呈現的風險而有所變動，
怎樣叫做因呈現的風險而有所變動？
你注意到重點了喔！

打個比方，你的好友來找你借100萬圓說要借1年，
你會要求幾％利率？
好友嘛，嗯～頂多1％吧
100萬
+1%
好友
那如果是普通朋友，同樣要借100萬圓呢？
其實是想拒絕的…如果推不掉的話，就10％左右吧！
你對好友和普通朋友所要求的收益率，就不一樣了嘛。
那是因為你感覺對方的風險有所不同的關係啊。
所謂風險就是你預期結果的變數，
那麼你預想錢借出去1年後，會發生什麼事？
呃
借出去的錢會還回來…
啊，也可能不會還回來嗎？
錢借出去還回來和不還回來的變數，好友和普通朋友是不一樣的吧！
不還
還錢
好友
不還
還錢
普通朋友
普通朋友
風險高
普通朋友的變數比較大，
換句話說就是風險比較高，所以你才會要求高收益率。

難道這才是高風險．高報酬的真義？
對，我們將金錢投入風險高的商品，自然而然會要求高收益率。
接下來我要你們都有所自覺。
你們看。
嘰
感覺風險高的時候
要求高收益率（高風險．高報酬的原則）
借出對象　預期收益率　現在價值　1年後的清償金額
好友　1%　100萬圓　101萬圓
普通朋友　10%　100萬圓　110萬圓
借給好友和借給普通朋友的錢，1年後的清償金額分別是101萬圓、110萬圓，這是1年後的未來價值。
那麼現在價值會變多少？
是100萬吧！
要借他100萬現在價值當然就是100萬啊
那折現率是多少呢？

1年後同樣變100萬圓
借給好友的100萬現在價值比較高

如何？

借出對象	預期收益率	現在價值		1年後的清償金額
好友	1%	99萬圓 $= 100 \times \frac{1}{1+1\%}$	◀	100萬圓
普通朋友	10%	91萬圓 $= 100 \times \frac{1}{1+10\%}$	◀	100萬圓

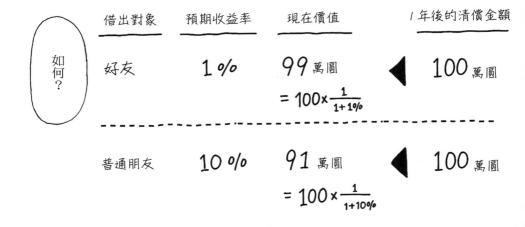

原來如此!!
好朋友的折現率是1%所以100萬圓除以1.01……大約是99萬圓。
現在的價值
100萬圓
99萬圓
= 100×1/(1+1%)
100萬圓
91萬圓
= 100×1/(1+10%)
普通朋友是100÷1.1……大約91萬。
怎麼樣？
普通朋友
100
好友
100
價值
同樣是1年後變100萬圓，價值卻不一樣！借給普通朋友1年後的100萬圓價值較低，就是因為風險比較高的關係。
那麼，我們把金錢的基本原則歸納一下！

金錢的基本原則為何？
◆今天的100萬圓比3年後的100萬圓更有價值
◆安全的100萬圓比有風險的100萬圓更有價值
那就是今天的100萬圓比3年後的100萬圓更有價值，安全的100萬圓比有風險的100萬圓更有價值。
原來如此……
財務學真是深奧啊～
你感動得也太早了，這還只是財務學的入門而已啊！
呃 這樣啊!?
以後還有很多要學呢！

風險不是損失

首先我們要思考一下風險的本質。

風險有「**危險**」與「**機會**」兩層意義，即使股價下跌的可能性高，但也不見得就是風險高。

因為風險這個字並非代表損失。而股價下跌，也不一定就會損失。相反的，如果能預估股價未來確實會下跌，你還可能可以賺到錢。

比如說，有所謂的「賣空」，以下我會具體說明，但為求簡便，手續費或利率等因素暫不列入考慮。

首先，假設我們向證券公司融券X公司借一張股價五百圓的股票，隨後立即在股票市場上賣出，因而獲得五百圓現金。這時，我們與證券公司約定六個月後歸還股票，若六個月後股價下跌至三百圓，便可以三百圓買下股票，依約定歸還給證券公司。原先以五百圓賣出的股票，又以三百圓買進，結果還賺了二百圓。

像這樣，知道未來股價確實會下跌的話，就可以用「賣空」的方式賺取差價。

如此看來，應該就能理解股價下跌並不見得是損失或風險了。對於股價未來到底會變怎樣都沒有頭緒的「不確定狀態」，反而應該要認為是風險。在財務管理上，金融資產的價格變動越大（起伏越大），便認為是「高風險」。

我想讀者讀到這裡，應該就可以理解，財務管理上認為**風險的本質就是「未來的不確定性」，還有「起伏」**。

■報酬率、獲利率和收益率都是一樣的

首先是財務管理上對報酬的定義。

報酬和「**獲利率**」、「**收益率**」是一樣的意思，即是對於投資的本金，一年會增加或減少多少的比率。若還是有點不太懂，以下我們以具體的例子來看看。

假設你以四百圓買進X公司的股票，並在一年後以六百圓賣出。在這一年都

沒有配股的情況下，你認為會得到多少報酬呢？事實上，報酬率是以獲利除以投資金額來計算的。

這裡所說的獲利，就是投資本金所產生的增減額。因此，二百圓（＝六百圓－四百圓）就是獲利，而投資金額就是實際付出的現金，在這個例子則是四百圓。所以報酬率＝200÷400×100%＝50%。

■金錢的價值會因得到的時機而有所改變

我想大家都能理解現在眼前的一百萬圓與未來的一百萬圓價值不同。即使五百年後可以得到一億，對活在當下的我們說，連一億也不值。或許有人會說「不如現在就給我一百萬圓！」金錢的價值，是取決於得到的時間，越久遠，價值就越小。

「**金錢的價值會因取得的時間而改變**」，這在財務管理中是最重要的觀念。接著我們來思考一下「**金錢的時間價值**」。簡單說，就是「**今天的一萬圓比明天的一萬圓更有價值**」。

■未來價值與現在價值

「金錢的價值」又分為「**未來價值**」與「**現在價值**」。

與這兩者息息相關的，是複利計算的概念。這種利息的計算方法，是將每年產生的利息加入本金，繼續運用，其特徵就是「利息生利息」。

而未來價值是指一筆錢以複利的方式運用，到未來會變成多少價值。假設現在拿一百萬以年利率10％運用三年的未來價值，可以下列算式算出：

100萬圓 ×（1+10%）×（1+10%）×（1+10%）

＝100萬圓 ×（1+10%）^{3} ＝133萬圓

這個算式中（1＋10%）的「1」代表本金，如果沒有「1」，就只能計算出十萬圓的利息。（1＋10%）乘三次表示運用三年。未來價值的公式如圖表6。

再來是現在價值。

假設年利率10%，今天的一百萬圓，一年後的未來價值就是一百一十萬圓。反過來想，今天的一百萬圓，比一年後的一百萬圓多了十萬圓的價值。這個差額就是「**金錢的時間價值**」。

取得現金的時間要越早越好，因為可以賺利息。

但相反的，支付現金就變成是越遲

$$\text{未來價值} = CF \times (1+r)^n$$

CF：本金　r：利率　n：年數

【圖表6】 未來價值的計算公式

越好了。

因為金錢有時間價值，在比較不同時間軸下的現金時，必須要調整時間的價值。想知道未來的現金相當於現在多少價值，可以除以利率來計算。以先前的例子來說，現在的一百萬圓乘以一．一（＝1+10%），算出一年後的未來價值是一百一十萬圓。而一年後的一百一十萬圓的現在價值，將算式倒過來算就可以得出結果。

換句話說，一百一十萬除以一．一（＝1+10%），就算出現在價值一百萬圓。這個計算過程就是「將一年後的現金以折現率10％折算出現在價值」。將未來價值換算成現在價值所用的利率，稱為**折現率**。

而反過來以現在價值求未來價值的利率，稱為**期望（要求）報酬率**。這裡的概念很容易混淆，其實只是未來價值與現在價值之間換算利率的說法不同而已，**期望（要求）報酬率與折現率是一體兩面的關係**。

期望報酬率和要求報酬率是一樣的，之後統一稱「要求報酬率」，因為這樣比較容易表現折現率的本質。

未來價值、現在價值、折現率是財務管理上最重要的概念。

若不能理解這三項概念，就無法進一步了解財務管理。

讓我們再複習一次這三者的關係。

現在價值乘以（1+要求報酬率）可算出未來價值。將未來價值除以（1+折現率），可算出現在價值。當然，這裡的要求報酬率就等於折現率。請注意，五年後的錢要折算成現在價值的話，就變成要除以（1+折現率）^{5}。

計算現在價值的公式如圖表7。

$$\text{現在價值} = CF_n \times \frac{1}{(1+r)^n}$$

CF_n 除以 $(1+r)^n$

CFn：n時點的本金　r：利率　n：年數

【圖表7】 現在價值的計算公式

■折現率的本質

將現在價值換算成未來價值時所使用的利率，稱為要求報酬率。而將未來價值換算成現在價值的利率，則稱為折現率。要求報酬率和折現率其實是一體兩面。

從現在看未來的現金流量會有起伏，也就是有風險。起伏的程度會反映在折現率。

這裡的觀念很重要，以下將逐一說明。

假設你借給好友一百萬圓，你會期待百分之幾的利息呢？不要說因為是好友就不收利息，這裡先不要客氣。又假設借給普通朋友的話，你應該會收比好友高一點的利息吧。為什麼呢？因為好友和普通朋友之間，可能會有還與不還的「差別」。

事實上，財務管理上有一個重要的「**高風險．高報酬原則**」。**投資高風險的**

東西（＝借錢），理應要求高報酬。換句話說，風險越高，要求報酬率（＝折現率）就越高；風險越低，要求報酬率（＝折現率）就越低。將風險的程度，以折現率來反映。

有風險，就表示有變動起伏。一年後或許確定能拿到一百萬圓，也或許不確定，兩種情形的現在價值便有不同，相信讀者們都能感受其中差異。

有風險時，以高風險・高報酬的原則要求報酬率，換句話說，折現率變高，表示折算成現在價值，也減少更多。這個概念將有助於投資計畫及企業價值的評估。

第3章

現金如何產生？（前篇）

會議室
B
使用中
企業重建的首要條件就是確保短期現金，你們知道利益和現金有什麼不同嗎？
知道。
嘰嘰
接下來，我們談談企業價值。
在財務管理上，所謂的企業價值，是指資金提供者，也就是債權人和股東所認知的價值。
非事業資產價值
事業價值
企業價值
債權人價值（有息負債）
股東價值
怎麼來的？
誰的？

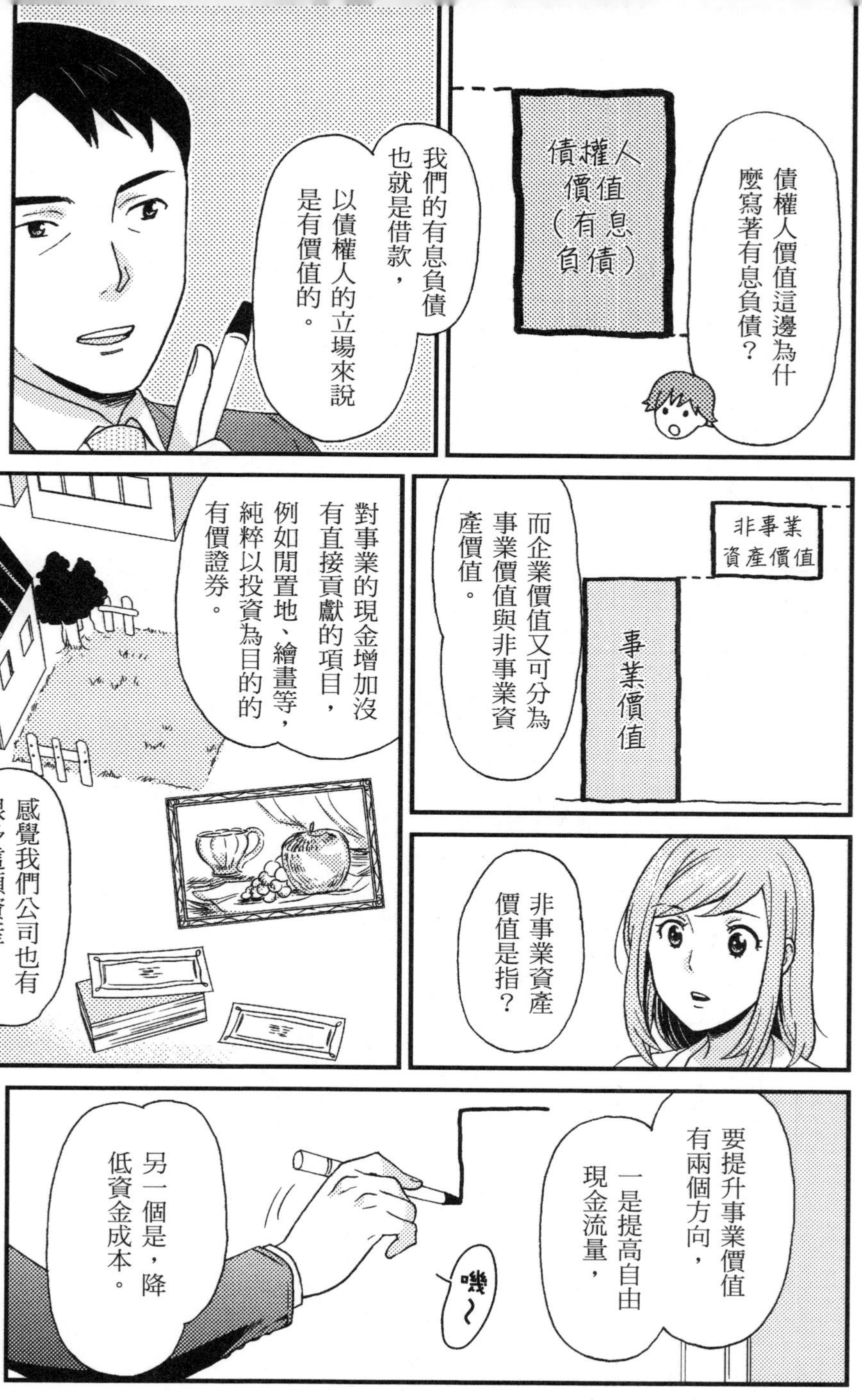
債權人價值（有息負債）
債權人價值這邊為什麼寫著有息負債？
我們的有息負債也就是借款，
以債權人的立場來說是有價值的。
非事業資產價值
事業價值
而企業價值又可分為事業價值與非事業資產價值。
非事業資產價值是指？
對事業的現金增加沒有直接貢獻的項目，例如閒置地、繪畫等，純粹以投資為目的的有價證券。
感覺我們公司也有很多這類資產。
要提升事業價值有兩個方向，
一是提高自由現金流量，
嘰～
另一個是，降低資金成本。

提升
自由現金流量
事業價值
資金成本
降低
「現金流量」聽起來像是現金的流通。
這和「自由現金流量」的意思不一樣嗎？
好問題。
企業向債權人和股東調度資金進行事業營運，事業營運所產生的現金就是自由現金流量。
而這些自由現金流量，是屬於提供資金的債權人及股東所有。
債權人
股東
自由現金流量
自由現金流量的自由（free）是什麼意思呢？
應該不是免費的意思吧？

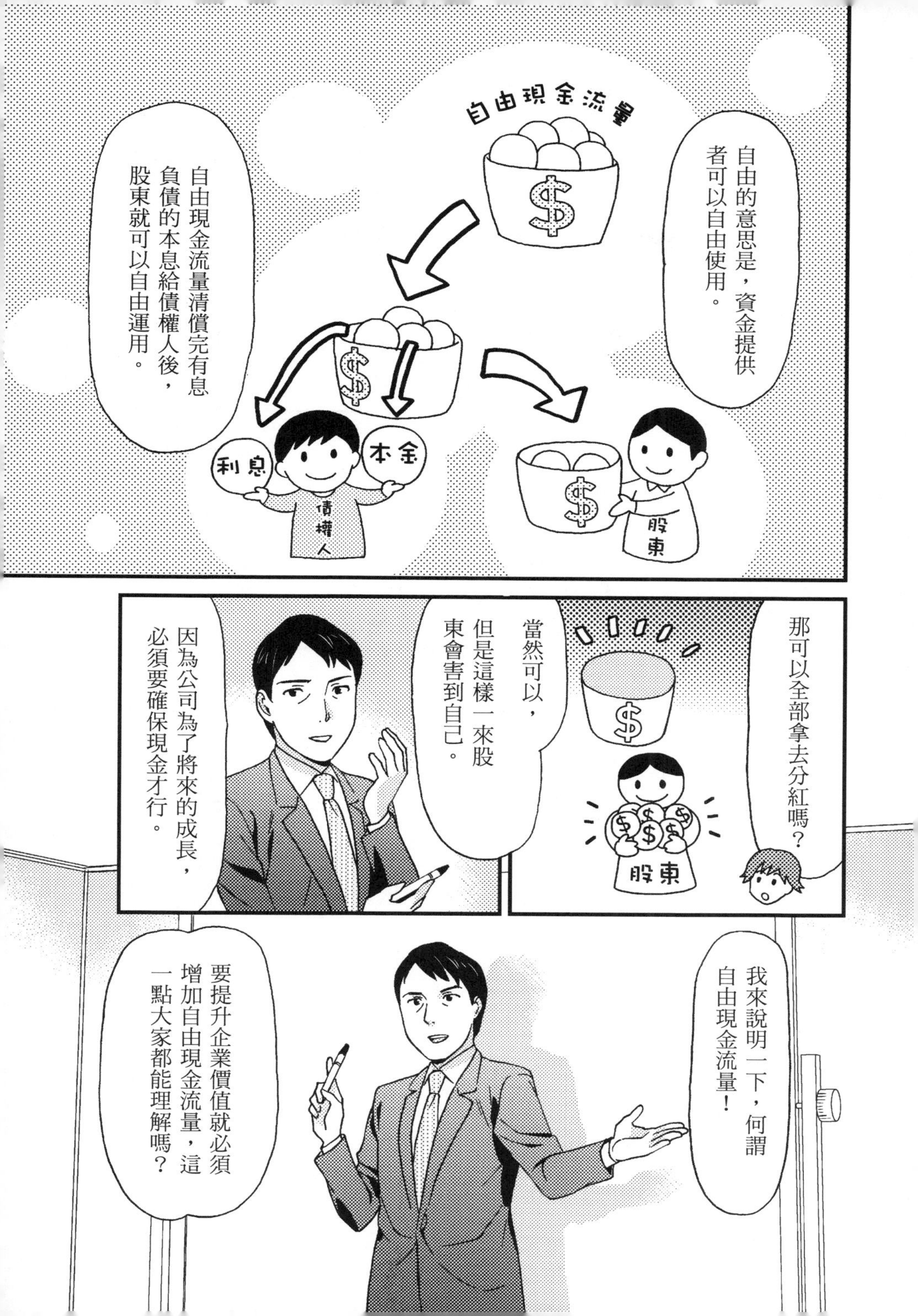
自由現金流量
自由的意思是，資金提供者可以自由使用。
自由現金流量清償完有息負債的本息給債權人後，股東就可以自由運用。
利息
本金
債權人
股東
那可以全部拿去分紅嗎？
股東
當然可以，但是這樣一來股東會害到自己。
因為公司為了將來的成長，必須要確保現金才行。
我來說明一下，何謂自由現金流量！
要提升企業價值就必須增加自由現金流量，這一點大家都能理解嗎？

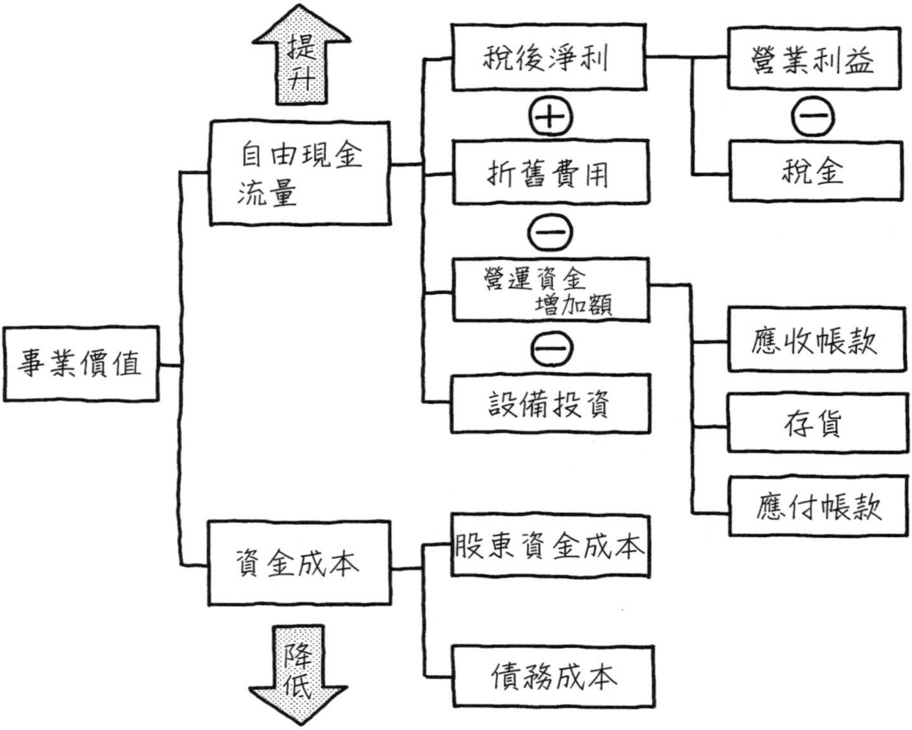
提升
事業價值
自由現金流量
稅後淨利
營業利益
⊖
稅金
⊕
折舊費用
⊖
營運資金增加額
應收帳款
存貨
應付帳款
⊖
設備投資
資金成本
股東資金成本
債務成本
降低

自由現金流量是稅後淨利加上折舊費用，
稅後淨利
+
折舊費用
−
營運資金
+
設備投資
=
自由現金流
再減去事業繼續經營所必要的營運資金增加額和設備投資。
我不太懂這定義中的折舊費用和營運資金。
嵐山，你真的是什麼都不懂啊！
對、對不起！

例如人事費等，想想看公司要支付這些費用的時候，
人事費
銷管費用
這些費用在損益表上，都合併計算在銷管費用這個科目，這你知道吧？
是。
那廣告宣傳費或研究開發費要算在什麼科目？
NEW 髮色登場!
獨家技術讓髮色光亮持久
Color
嗯
不是一樣算在損益表的銷管費用嗎？
對。
那設備投資呢？要算在哪？
銷管費用嗎？
不對。
設備關係到生產，所以是銷貨成本。
但是會計法規定，機械設備必須在使用期間內每年計算折舊費用，
我再具體說明一下。

單位：萬圓

不含折舊費用	×1期	×2期	×3期
銷貨金額	3.000	3.000	3.000
設備投資	△ 3.000	0	0
利益（CF*）	0	3.000	3.000
含折舊費用			
銷貨金額	3.000	3.000	3.000
折舊費用	△ 1.000	△ 1.000	△ 1.000
利益	2.000	2.000	2.000
從利益計算CF			
利益	2.000	2.000	2.000
折舊費用	1.000	1.000	1.000
設備投資	△3.000		
CF	0	3.000	3.000

*Cash flow，現金流量。

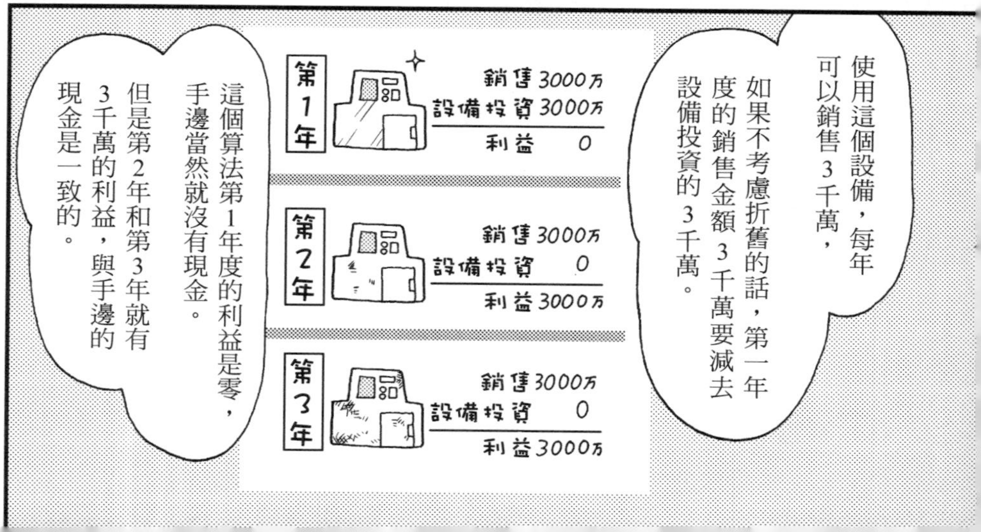

設備投資 △3.000 0 0
利益(CF) 0 3.000
含折舊費用
銷售金額 3.000 3.000
折舊費用 △1.000 △1.000
利益 2.000 2.000
從利益計算CF
利益 2.000 2.000
折舊費用 1.000 1.000
設備投資 △3.000
但是會計法規定要折舊，如果這個設備可以用3年，
這3年都必須計算它價值的折舊。
若以每年1千萬的折舊費用計算第1年度就有2千萬的利益了……
第1年度應該沒有現金啊？
對，計算折舊費用後，利益和現金就產生了差異。
從利益反推現金的話就必須把折舊費用加回去。
沒錯，還有設備投資的現金支出並不在損益表上，所以必須要減去。
咚

營運資金的定義是這樣：
（營運資金就是從應收款項和存貨扣除應付款項後之所得，通常會以短期借款來調度）
資產負債表之一部分
資金運用
應收款項
庫存
應付款項
營運資金（短期借款）
資金來源
營運資金＝應收款項（應收帳款．應收票據）＋庫存－應付款項（應付帳款．應付票據）
嗯～
應收款項和應付款項，是什麼啊？
我就知道你不懂，這些都是資產負債表上的科目。
應收帳款和應收票據這些應收款項，是在資產負債表決算日時結算合計的銷貨金額，卻因為沒有向客戶收取現金，所以才叫債權。
這瓶記帳喔！
也就是賒帳的意思，就像酒館老闆讓常客賒酒錢一樣。

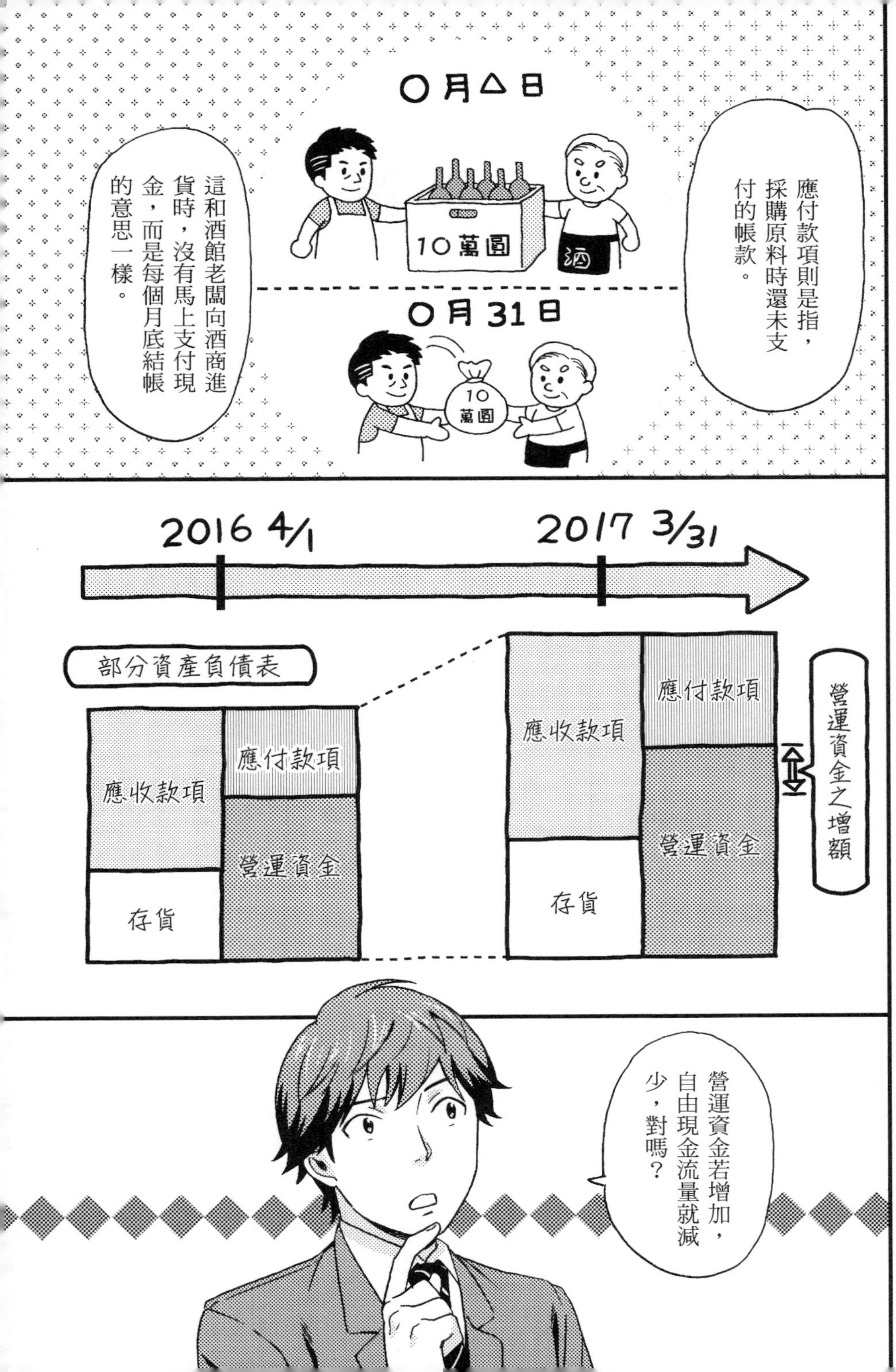
○月△日
應付款項則是指，採購原料時還未支付的帳款。
10萬圓
酒
這和酒館老闆向酒商進貨時，沒有馬上支付現金，而是每個月底結帳的意思一樣。
○月31日
10萬圓
2016 4/1
2017 3/31
部分資產負債表
應付款項
應收款項
營運資金
存貨
應付款項
應收款項
營運資金
存貨
營運資金之增額
營運資金若增加，自由現金流量就減少，對嗎？

你鑾機靈的嘛！
Panasonic的創辦人
松下幸之助說過，
資產都是錢變來的。
啊
也就是說，應收款項或存貨這些資產，都是錢變來的。
應收票據
存貨
相反的，調度這邊的應付款項減少，就表示支付期間變短。
對，
所以資產這邊的應收款項和存貨，當期的餘額比前期增加的話，就會減去手邊的現金。
馬上給錢！
例如過去都是進貨1個月後才支付，突然要你馬上付現金的話，你要怎麼辦？

應付款項是解決了，但資金調度就緊縮了吧。
應付款項減輕了呦！
債務
…結果
現金也變少了…
債務
你看吧！應付款項減少，但手邊現金也變少。
那資金成本又是什麼呢？
現階段，把資金成本想成是企業的資金調度成本，就可以了。
喀噠
我今天先講解到這邊。
喀
喀
接下來我要你們想想，增加自由現金流量的對策。
喀恰
從損益表（PL）還有資產負債表（BS），看看有什麼突破的方法，
拜託了喔！

砰……
嵐山，你是組長，接下來就由你來領導囉！
該怎麼增加營業利益呢？
就增加銷售對吧。
你沒賣過東西少在那信口開河！是要怎麼增加！
喂！
……
社長室

Mr.陣內
你說要1個禮拜!?
哪裡還有那種美國時間！
這也是沒辦法⋯⋯
現金可是一天一天在燒耶！
啪
不要再找藉口了！我給你3天時間，趕快給我找出具體的方向來！
3天啊⋯⋯
根本不是一天兩天就能想出辦法吧！
要我說，都是因為開發部和製造部光製造一些賣不出去的產品，才會變成這樣的啊！

徵詢客戶的需求再回報給我們，這也是村上你們業務部的責任吧！
滿腦子只想著業績才會變這樣…
喀
噠
你們製造部少在那裝懂！
真受不了！
公司都已經面臨危機了我們內部還吵什麼吵？
喀
噠
總之先冷靜下來。
就是從應收款項和
付款項後之所得，通
期借款來調度）
應付款項
項
營運資金（短期借款）
資金來源
存
收帳款．應收票據）＋庫存－應付款項（應付帳款
我們把問題點一一列出來看看…
沒錯!!
喀
噠
驚
!?

對，一項一項來！
分解每一個要素，
我學過怎麼分析喔。
結衣妳的意思是？
例如光說增加銷售，也不知道跟解決方案有什麼關聯，不是嗎？
價格x數量＝銷售
價格
價格
價格
價格
價格
價格
銷售
把銷售的要素分解出，就得到價格x數量，對不對？
提高價格的方法是什麼？
要提高價格
分解
要增加數量
發生問題！
增加數量的方法是什麼？
這樣一來，就比較好討論了吧？
你說提高價格!?
喀恰
怎麼了嗎？發生什麼事？外面都聽見了。
！
陣內經理！

啊，不好意思，沒什麼。
經理您怎麼又回來了？
呃…我剛剛和社長討論過…
3天後必須要向社長提交方針。
!?
我現在必須去往來銀行和機關法人那邊說明情況，其他事就交給你們了。
嘰…
砰

怎麼這樣。
做…做就對了呀！
只有硬著頭皮做！沒時間發牢騷了啦！
…知道啦！
沒時間講那些了啦！
嘖
頭腦冷靜一下…繼續剛才的話題。
喀噠
要增加營業利益，除了增加銷貨，降低成本也很重要。
損益表上的成本分成銷貨成本和銷管費用，那銷貨成本又可以分成什麼？

可以分材料費、零件費、勞務費之類的經費。
這麼說來，得想辦法減少這些開銷。
銷管費用可以分成…
嗯
看看公司的損益表！
啪啪
這就是陣內經理說的損益表法嗎？
那資產負債表（BS）法又是什麼？
應該是設備投資和營運資金吧。
咦？
減少設備投資，就可以增加自由現金流量了嗎？
不能那樣啦！
減少投資或許能增加眼前的自由現金流量，但將來的自由現金流量就不能增加了。

原來如此
好厲害喔，田端！那只要判斷必要的投資和不必要的投資就可以了啊。
嗯～
嗯～突然這麼說…
轉頭
嗯…
等一下再回來看這邊！
貼上
課題
關於投資
還有營運資金的問題。
怎麼做才能減少營運資金呢？
應該要減少應收款項和存貨，增加應付款項，營運資金就會減少。
具體來說是？
部分資產負債表
資金來源
應付款項
營運資金（短期借款）
資金運用
應收款項
存貨
就是減少結算日剩餘的應收款項和存貨，
例如縮短向客戶請款的期間，或是降低存貨水準。
嘰嘰

那應付款項呢？
增加的意思是延後支付給供貨商嗎？
啪
以採購的立場來說，這可能不太實際。
妳的語氣好像以採購部的代表自居呢！
不是，我沒有那個意思。
延後對供貨商的支付，的確可以增加自由現金流量，或許能暫時紓解公司的資金調度，
但是…
但是？
供貨商的立場正好相反，他們會希望能盡早取得貨款。
意思是，採購部同意可以盡早付款但相對要求折扣嗎？
對。
價格
高
低
付款期限
短
長

喀噠
因為採購部有縮減成本的目標，
結果就顧不得公司資金調度吃緊的問題了！
這是與成本縮減之間的平衡吧，
等一下我們來討論！
嘰嘰
損益表（PL）法就是增加銷貨，這邊可以考慮增加數量・價格。
銷貨額　增
採取增加數量、價格
縮減成本面
銷貨成本　減
採取減少材料費、零件費、勞務費、其他經費
有關縮減成本的方式，採取減少銷貨成本的方式，
還要考慮減少材料費、零件費、勞務費等其他經費的措施。
啊!!
驚！
怎、怎麼了!?

我們是不是忘了稅金？
一時疏忽…
設法降低稅率也很重要呢！
對耶，這要問會計部門的稅務小組。
拜託囉
就先不討論BS法中減少設備投資的問題。
想想怎麼縮減營運資金，也就是必須設法減少應收款項、存貨，這樣對吧？
好！那我們就趕緊一個一個找出對策吧！
今天好像不能下班了耶！
為了拯救ZenTech一起努力吧！

解說

企業價值分成經營性價值與非經營性價值

■何謂企業價值

所謂的企業價值，是指對誰的價值呢？就是對資金提供者（債權人和股東）而言的價值。換句話說，**企業價值有債權人價值（有利息負債）與股東價值之分**。企業的有利息負債之所以稱為有債權人價值，是因為以銀行等債權人的立場來說，有利息負債就是貸款，屬於資產負債表上有價值的資產部分。

企業價值又可分為**事業價值**與**非事業資產價值**。事業價值指的是，針對企業未來可產生的自由現金流量換算成現在價值的合計。而非事業資產則是閒置土地或以投資目的的有價證券等，與事業無直接關係的資產。

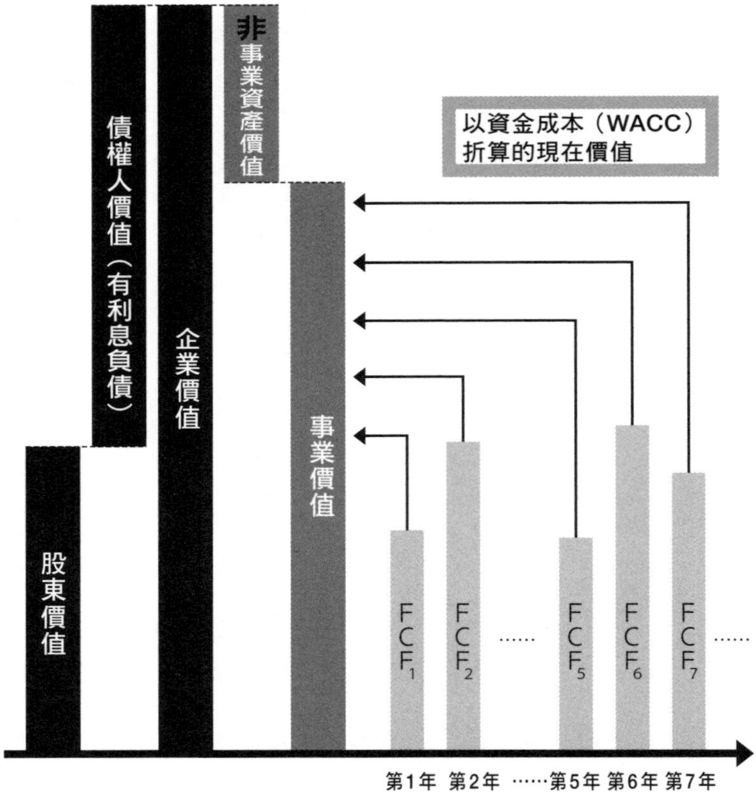

【圖表8】 企業價值的構成要項

計算現在價值時所適用的折現率，就是企業資金調度成本的資金成本（**WACC: Weighted Average Cost of Capital**）。資金成本就是資金的提供者，即投資人（債權人與股東）的要求報酬率。折現率和要求報酬率在這裡也是一體兩面的關係（WACC在第6章也有說明）。

為提升事業價值，必須要增加自由現金流量（FCF）及降低資金成本。而降低資金成本的具體行動，將會在第4章說明。

■自由現金流量是什麼

首先要確認自由現金流量的定義。簡單可算出的自由現金流量，就是現金流量表上「營業活動的現金流量」與「投資活動的現金流量」的總和。

但是估算事業價值時所使用的自由現金流量，與此定義不同。

自由現金流量的「自由」，是指「**資金提供者（債權人與股東）可自由動用的現金**」。自由現金流量則是以下的定義：

自由現金流量＝營業利益－稅金＋折舊費用－設備投資－營運資金的增加額

我們就從表示本業賺錢能力的營業利益開始。

這裡要扣除稅金，稅後淨利僅是報表上的「利益」，並非「現金」，所以必須要進行兩項調整，使其成為現金。

第一項是編列折舊費用和設備投資。

折舊費用是進行設備投資時，針對該設備可使用期間（稱為耐用年數）所攤提的費用。

因此，只是依耐用年數計算提撥費用，並不是實際有現金支出。結算營業利益時，將已經標為負值的費用加回，並在實際支付現金時，將投資金額記為負值，如此便可消彌利益與現金的不同。

好像有點難懂嗎？我再以故事中所舉的案例具體說明。

假設某個企業以三千萬買入設備。

設備的耐用年數是三年，每年可創造三千萬的業績。如果不考慮折舊費用的話，第一年度的業績三千萬，但要減去設備投資的花費三千萬，所以收益是零。接下來的第二年和第三年分別有三千萬的收益。如此收益就符合現金。

但是，國稅局會質疑「你們公司三年來都使用同一設備，從事同一項事業，業績三年都一樣，為什麼收益差這麼多」？

國稅局真正想說的是，「第一年沒有收益，就不能課稅」，因此規定「機械設備要列為資產，使用期間因價值減少，應提撥折舊費用」。

所以企業每年必須攤提一千萬的折舊費用。結果每年的收益平均為二千萬，國稅局從第一年就可以課徵稅金。

然而，提撥折舊費用的規定卻使得收益和現金不一致。

因此必須要進行將收益轉變成現金流量的調整作業。營業利益因折舊費用減少了一千萬，所以要將折舊費用一千萬加回營業利益。

從這裡將第一年度購買機器設備的費用列為三千萬，如此便可以像沒有提撥折舊規定時一樣，與現金一致。

如此便是以現金為準的考量，營業利益必須要以折舊費用和設備投資來做調整。

■為營運資金定義

自由現金流量的公式還有一項必須注意的，就是營運資金增加的部分是負值。所謂企業活動，以製造業為例，是指將進貨的原料加工、生產產品、銷貨，到獲得現金，這一連串的過程。

例如汽車廠商，為了製造汽車，首先要買入鋼鐵等原料。從進貨到支付貨款，該金額都以「**應付款項**」列在資產負債表。

另一方面，原料、在製品（半成品）、完成的汽車，一直到上市銷貨，都是以「**存貨**」列在資產負債表。接著，店裡的汽車賣掉了，與客戶簽完約，交完貨，這樣便算是銷貨完成。但是，在客戶付款之前，都是「**應收款項**」。

如次頁的圖表9所示，從原料進貨之後到汽車製造完成（進貨到完成）會有一段時間。

交貨之後到客戶付款（銷貨到收款）也有一段時間。即便以掛帳方式進貨，多半是先支付進貨款項，後來才收到銷貨款項。以現金來填補資金回收與支付的時間間隔，就稱為**營運資金**。營運資金時有增減，增加的時候，就需要新的現金。

因此，計算自由現金流量時，營運資金的增加額（＝需要新的資金）就必須記為負值。

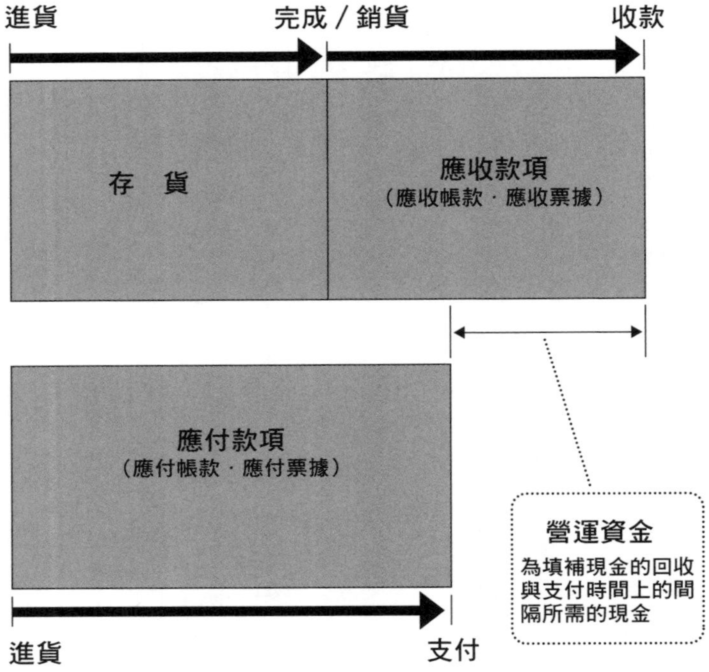
進貨
完成／銷貨
收款
存　貨
應收款項
（應收帳款・應收票據）
應付款項
（應付帳款・應付票據）
營運資金
為填補現金的回收
與支付時間上的間
隔所需的現金
進貨
支付

【圖表9】 何謂營運資金

第4章

現金如何產生？（後篇）

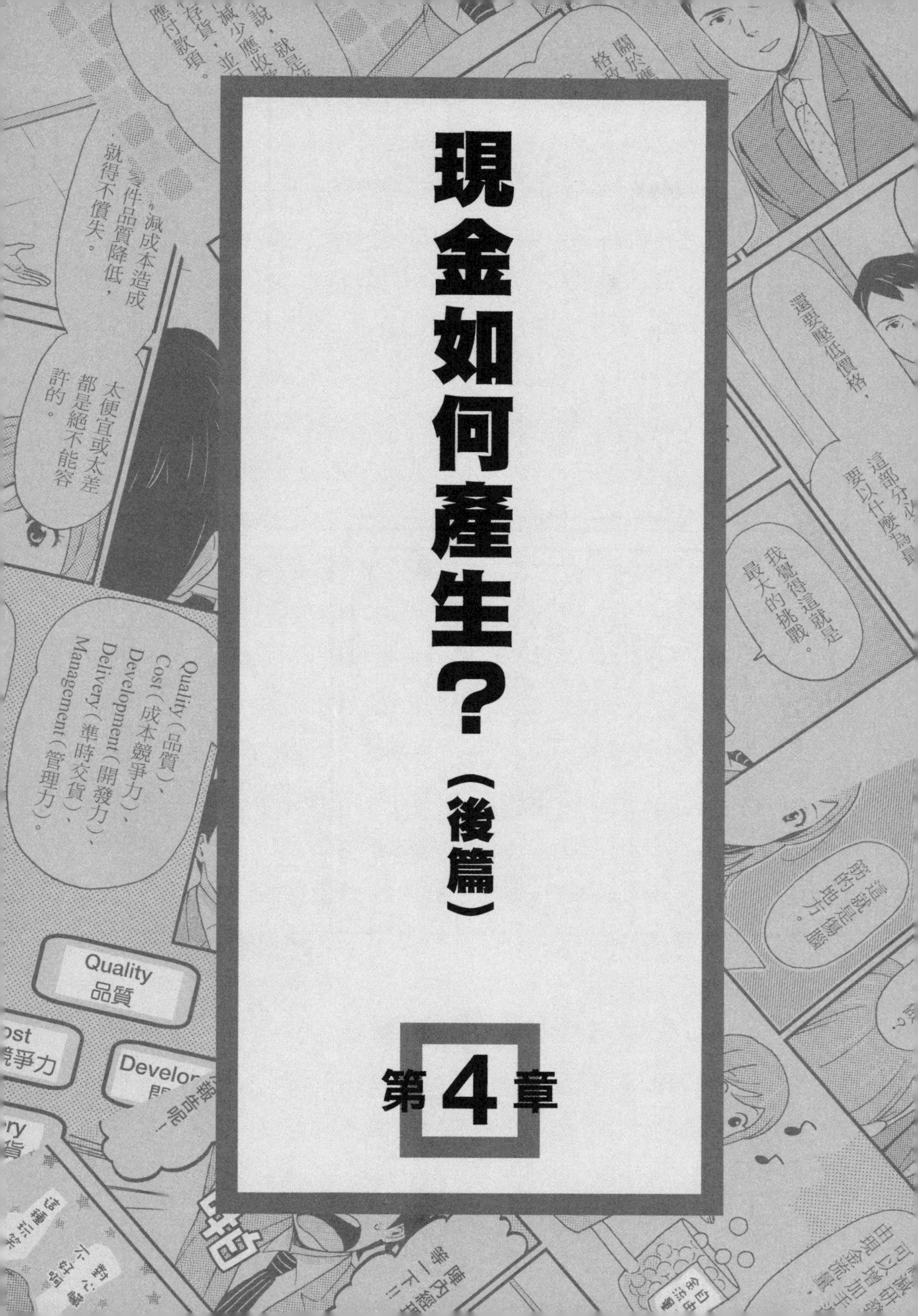

啾
啾
ZenTech
股份有限公司
早!
喀恰
哦
早安!
嚇醒
嗯……
鼾……
鼾……
怎麼你們好像都沒睡的樣子啊!
工藤呢?
她早上搭第一班電車回家去洗澡,剛剛打電話來,說電車誤點會慢個10分鐘到。
好吧。

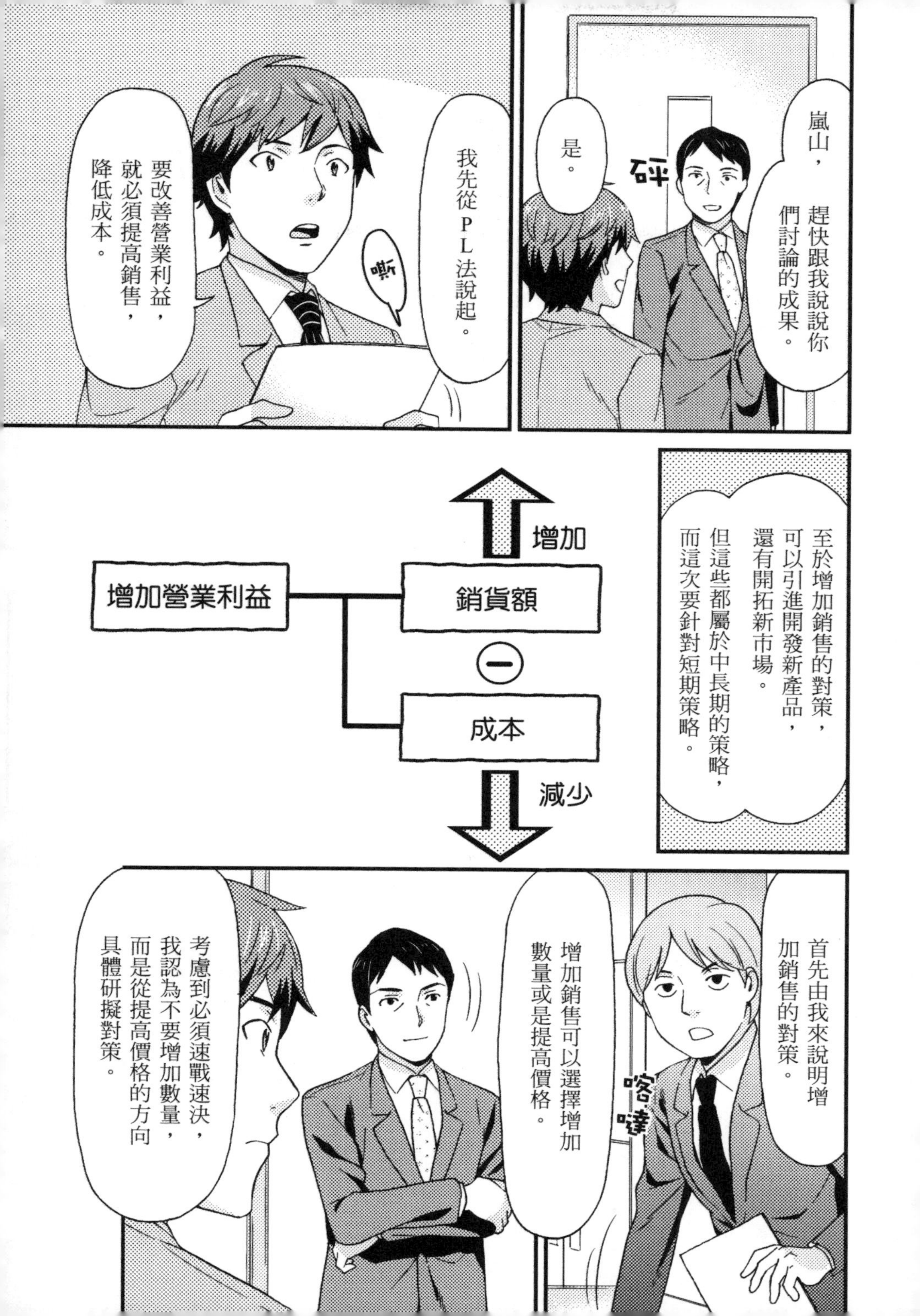
嵐山，趕快跟我說說你們討論的成果。
砰
是。
我先從PL法說起。
嘶
要改善營業利益，就必須提高銷售，降低成本。
至於增加銷售的對策，可以引進開發新產品，還有開拓新市場。但這些都屬於中長期的策略，而這次要針對短期策略。
增加營業利益
銷貨額
增加
−
成本
減少
首先由我來說明增加銷售的對策。
喀噠
增加銷售可以選擇增加數量或是提高價格。
考慮到必須速戰速決，我認為不要增加數量，而是從提高價格的方向具體研擬對策。

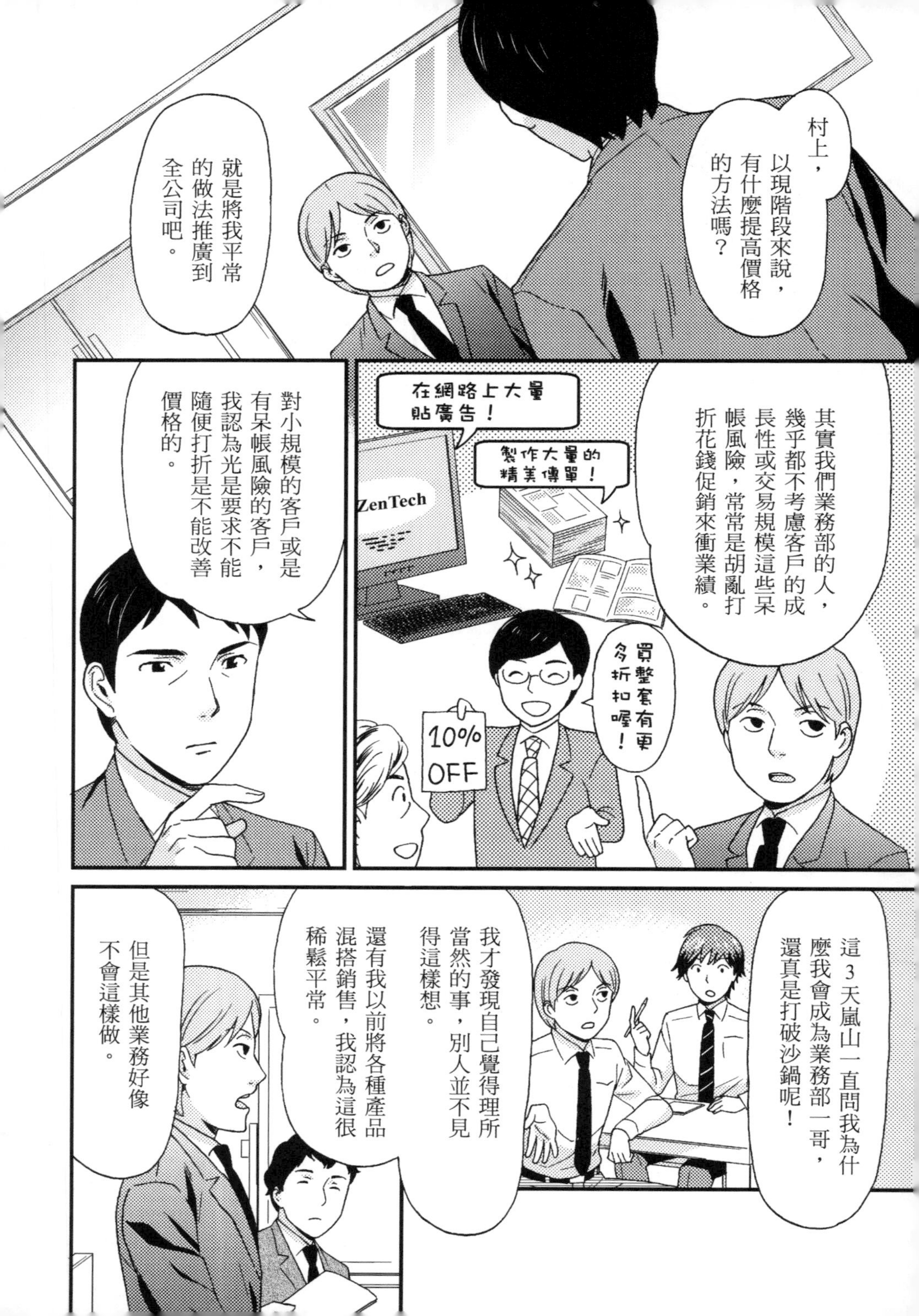
村上，以現階段來說，有什麼提高價格的方法嗎？
就是將我平常的做法推廣到全公司吧。
其實我們業務部的人，幾乎都不考慮客戶的成長性或交易規模這些呆帳風險，常常是胡亂打折花錢促銷來衝業績。
在網路上大量貼廣告！
製作大量的精美傳單！
ZenTech
買整套有更多折扣喔！
10% OFF
對小規模的客戶或是有呆帳風險的客戶，我認為光是要求不能隨便打折是不能改善價格的。
這3天嵐山一直問我為什麼我會成為業務部一哥，還真是打破沙鍋呢！
我才發現自己覺得理所當然的事，別人並不見得這樣想。
還有我以前將各種產品混搭銷售，我認為這很稀鬆平常。
但是其他業務好像不會這樣做。

對不起！我遲到了！
喀恰
啊
結衣妳來啦。
抱歉，請繼續。
早安
接著是縮減成本。
成本可大致分為銷售成本——也就是製造成本，和銷管費用的縮減。
首先是製造成本的縮減。
製造成本又分為原料、零件、勞務費及其他經費。
喀噠
我會將勞務費和人事費放在一起討論…
我先說明有關原料和零件這些調度成本的縮減。
關於勞務費和人事費的縮減由社長和我來決定。

如果要徹底執行調度成本的縮減，很可能會觸及公司內部的禁忌，或遭遇強烈的反對勢力。
你打算從哪方面著手？
要是為了縮減成本造成原料和零件品質降低，那可就得不償失。
太便宜或太差都是絕不能容許的。
我認為可以用 QCDDM 的觀點對供應商做評比，選擇符合標準的供應商。
你說明一下 QCDDM。
好的，就是
Quality（品質）、Cost（成本競爭力）、Development（開發力）、Delivery（準時交貨）、Management（管理力）。
我們把這幾點都符合標準的供應商歸類為策略供應商，
仔細研究各家公司的成本構造，再決定要議價到什麼程度。
光是跟現有的供應商議價效果還是有限呢？
Quality 品質
Cost 成本競爭力
Development 開發力
Delivery 準時交貨
Management 管理力

我認為還必須同時開發零件的共通化或是模組。
高品質零組件的調度成本可以這樣做，
但通用性質的資材呢？你的想法是？
過去都只在國內調度，
我認為不妨也開放讓國外的供應商來競標。
公司一直都設有門檻，還有憑著與長期合作的外包廠商之間的默契。
是勝是敗，就看能不能與這些公司劃清界線吧。
再來請工藤說說有關銷管費用的縮減。
喀噠
是！
我先將銷管費用做了這樣的分類：
銷管費
研發相關
廣告宣傳
促銷費用相關
物流相關
一般總務相關
系統IT相關
分別是研發相關、廣告宣傳、促銷費用相關、物流相關、一般總務相關、系統．IT相關。

除了研發以外，我們要先調查調度來源、調度數量、價格，與市場價格比較並了解現狀。
根據調查結果，了解對方企業的成本構造，再進行議價。
讓各家報價或競標再統一發包之外，我覺得也可以要求批量折扣。
嗯……
還有其他的想法嗎？
有的，還有一件重要的事。
利用方—
也就是我們公司內部，應該也需要意識改革一下。
例如，
某件物品真的必要嗎？不能用替代品嗎？
是否一定要那種品質和數量？
我認為也必須要求內部再討論一下。
ZenTech
股份有限公司

做得不錯！
研發要怎麼做？
這就是傷腦筋的地方。
縮減研發費，或許可以增加手邊的自由現金流量，
自由現金流量
研究開發費用
將來的自由現金流量
空…
但是很可能會犧牲掉將來的自由現金流量。
沒錯！所以有必要把握目前研發的狀況。
好…就先到這裡吧！
陣內經理，等一下!!
啪
我還沒報告呢！
開玩笑的啦，好啦！你來報告吧。
哈哈
對心臟不好啊
這種玩笑…

嗯
我要報告的是BS法，首先是營運資金的縮減。
具體來說，就是該如何減少應收款項和存貨，並且增加應付款項。
沒錯。
關於應收款項，和價格政策一樣，我們可以先掌握各家客戶的現狀，再設法縮短收款期限。
顧客名單
應付款項的部分，光是要求延後支付，供貨商是不會接受的。
還要壓低價格，這部分必須先想好方針，要以什麼為最優先。
確實如此，縮減庫存要怎麼做？
我覺得這就是最大的挑戰。

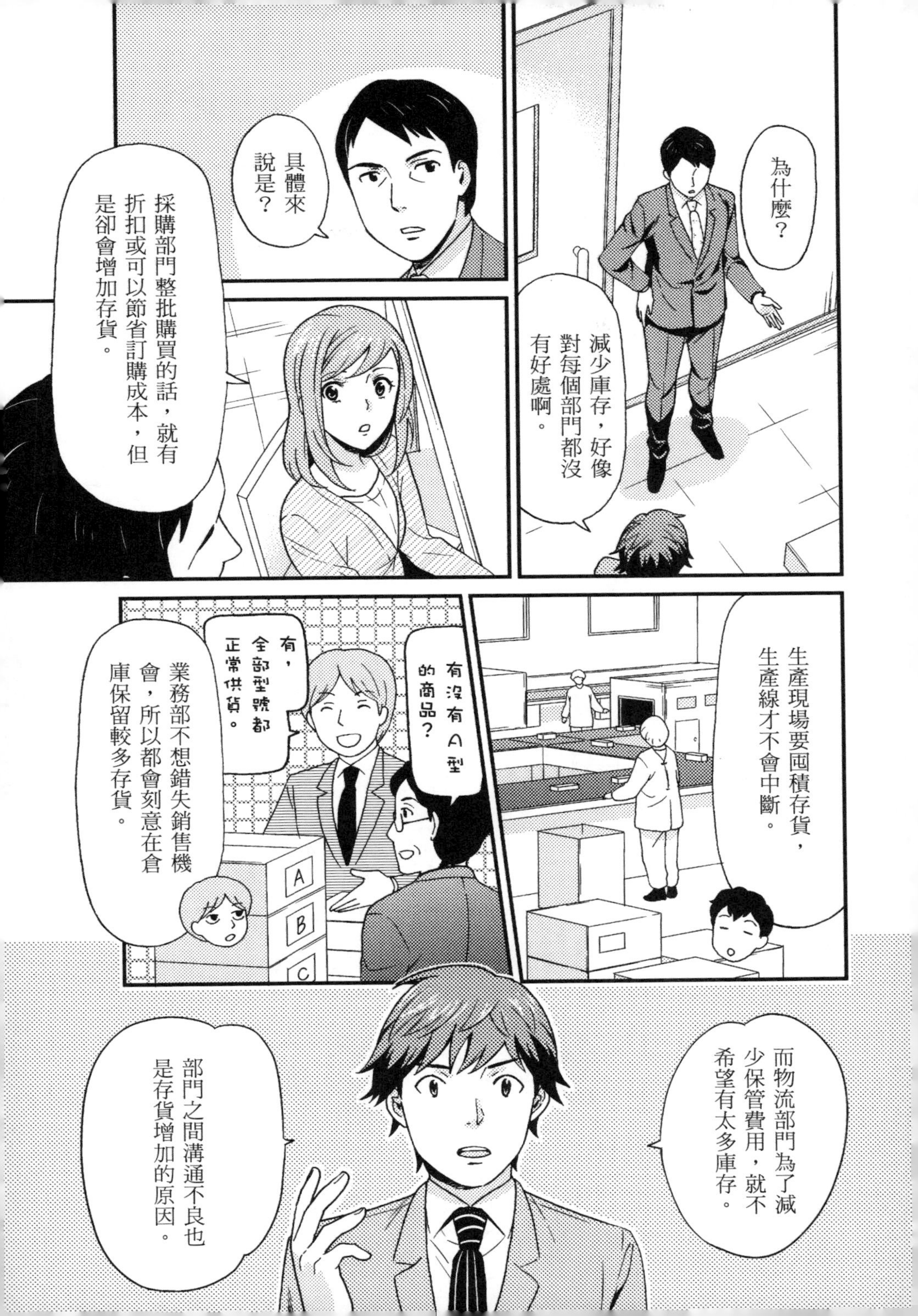
為什麼？
減少庫存，好像對每個部門都沒有好處啊。
具體來說是？
採購部門整批購買的話，就有折扣或可以節省訂購成本，但是卻會增加存貨。
生產現場要囤積存貨，生產線才不會中斷。
有沒有A型的商品？
有，全部型號都正常供貨。
業務部不想錯失銷售機會，所以都會刻意在倉庫保留較多存貨。
而物流部門為了減少保管費用，就不希望有太多庫存。
部門之間溝通不良也是存貨增加的原因。

存貨其實有分原料、在製品（半成品）和成品，
材料A
原料
成品
在製品（半成品）
在製品和成品與原料庫存，或許需要不同的管理政策。
您的意思是？
比如說，調度原料還有對方的因素。我們也必須考慮，有需求的時候拿不到需要的東西。
現在馬上要用到A材料！
突然這麼要求…
A材料是進口貨，得等幾天啊！
強行推動縮減庫存，勢必要增加訂購的次數。
庫存沒了…
因為不想堆積存貨，所以要少量訂購。
少量
因為少量訂購，所以庫存又沒了。
再一次少量訂購。
又訂？
這樣對方可能就不會答應減價，
這部分必須與採購經理溝通一下。

我知道了。我會好好考慮這一點，再想想如何具體進行。
設備投資怎麼樣呢？
抱歉，我還沒進行到那邊。
田端，關於設備投資的部分，你把現在進行中以及計畫中的項目列一份清單給我。
喀噠
我先依暫時的優先順序向社長說明。
我知道了。
好！你們準備一下要跟社長報告的內容。
是！

產生現金的方法

■增加營業利益

ＰＬ法就是增加銷貨收入，或是縮減成本來增加利益的方法。要增加營業利益，這些措施都是當然且必須的。

我們先想想增加銷貨收入。

要增加銷貨收入，不是增加銷貨數量，就是提高價格。

業務部門往往會採取降低價格、期待銷貨數量增加的策略。但這正是致命的錯誤。因為即使銷貨收入增加，多半都造成利益大幅減少。

我以具體的數據來說明價格如何衝擊銷貨毛利，請參考第119頁的圖表10。

現在有產品價格為一千圓，平均一件產品的原料費是七百五十圓。利益為二百五十圓。如果銷貨數量一百個，銷貨收入便是十萬圓（＝一千圓×一百個），銷貨成本是七萬五千圓（＝七百五十圓×一百個），銷貨毛利二萬五千圓。

假設銷貨價格可以提高3％，變成一千三十圓（A例），即使銷貨數量減少10％，只需賣九十個，銷貨毛利將會變成二萬五千二百圓，比現在的利益還多。

那麼，業務部說「如果能答應減價15％，我們保證銷貨數量可達一百二十個（比現狀高20％）」。

模擬之下，銷貨收入變成十萬二千圓，確實比現狀增加（B例）。但是，我們卻發現銷貨毛利減半變成一萬二千圓。減價15％的狀況下，銷貨毛利要維持現狀的二萬五千圓，必須要有多少銷貨數量呢？竟然需要二百五十個，比現狀多二・五倍，才能確保與現狀相同的銷貨毛利二萬五千圓（C例）。

銷貨收入雖然提高到二倍以上，但銷貨毛利卻持平的結果就可以知道，降價並不能對利益產生太大的影響。

為增加銷貨收入，與其增加銷貨數量，不如思考如何漲價，比較能有效增加利益。

像這樣加入某個變數，來觀察結果（此處是銷貨毛利）如何變化的方法，稱為**敏感度分析**。敏感度分析可以用來模擬未來的損益。

那麼，是否有對銷貨數量的影響最小，又能提高銷貨價格的方法？重點在於要根據每個客戶制定價格策略。要懂得運用「巴雷托法則」（Pareto principle），也稱為「八〇：二〇法則」。

將客戶以收益別分類之後，通常會發現20％的客戶大約占利益的80％。

針對這20％公司的重要客戶，可以進行更加深彼此關係的活動，而對其他的客戶，就停止減價或減少拜訪次數、降低服務等級，適度調整企業活動。

為此，要先確實掌握好是否以客戶別的銷貨收入、銷貨毛利、信用等級設定合適的價格。

還有，故事中村上提議組合複數商品以維持價格，的確是增加銷貨數量的方法。不過，將組合銷貨的產品拆開分別標價，整體提高價格，增加銷貨收入的方法也可行。

項目	現狀	A例	B例	C例
銷貨價格（圓）①	1,000	1,030	850	850
價格增加率		+3%	△15%	△15%
原料費（圓）②	750	750	750	750
利益（圓）①－②	250	280	100	100
數量（個）③	100	90	120	250

2倍以上

項目	現狀	A例	B例	C例
銷貨收入（圓）①×③＝④	100,000	92,700	102,000	212,500
銷貨成本（圓）②×③＝⑤	75,000	67,500	90,000	187,500
銷貨毛利（圓）④－⑤	25,000	25,200	12,000	25,000

一樣

【圖表10】 銷貨價格模擬

■縮減成本的兩種方法

企業支付從外部調度的原料或零件、服務的對價，其成本不容小覷。這些調度成本的縮減，可以有效創造短期的現金。

在我曾經服務的日產汽車，其重建計畫中最受矚目的，就是從全球採購、生產、營業費用三個方向，進行近一兆圓的成本縮減。

縮減成本的方法有二，分別是供應商關係管理（針對供應商的策略），與使用者管理（針對公司內部的策略）。

供應商關係管理可採取減少或增加供應商（進貨來源）、進行交易條件變更的交涉等方法。

不要忘記還有使用者管理。篩選公司內部的消耗品是否過剩，檢討可否變更替代品、訂購數量．訂購頻率的檢討、訂購窗口單一化等，都可以縮減成本。

■調度策略怎麼做

與生產相關的零件調度，必須要將高品質零件與一般性資材分開來討論。高品質零件因本身的品質將會左右企業的商品品質，不能只以「便宜沒好貨」的觀念來評估。日產汽車公司以QCDDM，也就是**Quality（品質）**、**Cost（成本競爭力）**、**Development（開發力）**、**Delivery（準時交貨）**、**Management（管理力）**這五點，對供應商進行分級，將符合標準的供應商，定位為策略供應商。如此一來，供應商的數量減半，並可以集中採購，進而達到縮減成本的目的。

關於一般性資材，不僅國內，也應該要檢討開放讓國外供應商來競標。

■縮減營業費用

討論成本縮減時，應該優先檢討**間接材料成本**。間接材料成本就是指製造成本（銷貨成本）以外的營業費用。例如銷售手續費或廣告宣傳費、物流費等。而相對於間接材料成本，製造成本就稱為**直接材料成本**。

關於直接材料的成本縮減，通常都是由採購部門以嚴苛的條件持續把關來達成目標。

而負責間接材料的是管理部門。但管理部門通常只是統括性的成本縮減，或是比價，並不會把縮減成本當成首要任務。

我的朋友佐谷經營一家成本縮減專門顧問公司，他告訴我：

「負責刪減原料費成本的採購部門，與負責刪減銷管費用成本的管理部門之間，對於成本縮減的觀念是否不同，可以用簡單的方法來確認。就問採購部門的負責人有關公司的原料採購單價與競爭公司原料採購的單價；對管理部門的負責人則是問公司送貨的單價、清掃費用的單價。採購部門的負責人對此提問大多不用再查資料，就能對答如流，但管理部門的人員竟幾乎沒有人答得出來。」

這樣的情形，不免讓人深感間接材料成本縮減的具體策略，確實有其必要。

只是，同樣是銷管費用，研究開發費和廣告宣傳・促銷費用就必須審慎以對。因為如果縮減這些「進攻成本」，眼前的營業利益不見得會增加，卻很有可能犧牲未來的營業利益。

這些費用雖概括稱為成本，但也攸關**未來的投資**。有關研究開發費和廣告宣傳・促銷費用，金額不用說，同時也要將相對於銷貨收入的比例，與其他同業比較，確認公司的研究開發法和廣告宣傳・促銷費用是否在適當的水準，也是很重要的觀念。

■管理營運資金

為增加自由現金流量，營運資金的管理必須要妥善進行。也就是說，一方面要壓縮應收款項和庫存，另一方面還必須增加應付款項、減少營運資金。

就連日產汽車，也徹底執行營運資金的管理。

例如，為壓縮應收款項，他們要求及早收取汽車的銷貨金額。因此業務員要參加教育．研修，密切觀察行銷公司收取貨款的天數等，確實地進行每一步驟。

通常，公司與客戶之間雖然會有優勢或劣勢的關係，但仍可與客戶交涉，將收款條件提前，或是將請款單的期限訂為每月一次或二次，對信用風險較高的客戶重新審視交易條件等。

還有，對逾期拖欠的應收帳款，也一定要確實催繳回收。

日產汽車壓縮存貨的做法，是導入供應鏈管理，從原料的調度到對客戶提供商品的一貫流程。特別是針對海上存貨，有一套縮減船上存貨的措施。原本在日本製造、美國銷售的產品，就將生產據點轉移到美國或其鄰近國家，藉以縮短從日本船運到美國的時間。

如此縮短從訂貨到交貨的前置時間，就能減少存貨。還有重新檢討設計，縮減汽車零件種類，促進零件共通化。

要增加自由現金流量，還可以延遲對供應商的支付，也就是增加應付款項。如此一來，資金調度的確會比較寬裕，但仍需考慮提早支付的折扣是否比較有利。其中的機制如下：

延長對供應商的支付期間，在現金流量上（資金調度）是有正面效果的。但是，從供應商的立場來看，收款期間變長，就表示應收款項增加，甚至連營運資金都要增加。營運資金的調度通常都是短期借款，因此連累對方增加借款利息的負擔，而這筆利息很可能會轉嫁到我方購買零件和材料的價格上。

為增加自由現金流量，延後對供應商的支付條件，結果可能造成進貨價格上升，我方反而吃虧。

應付帳款和應付票據等應付款項，等於是向客戶借錢，這是非常重要的觀念。

■延後的營運資金管理

如先前所述，要提升企業價值，營運資金的管理相當重要，但實際上在許多企業中卻經常不被重視，理由說明如下。

第128頁的圖表11是製造業事業活動的簡圖。採購部門購入原料，製造部門生產製品，業務部門銷貨製品，這就是製造業的商業流程。

那麼，經營者對各部門都要求些什麼呢？對業務部門要求提升銷貨收入和營業利益為第一要務，其次是縮短銷貨貨款的收款期間。

再來是製造部門，提升產值和降低成本為最優先。而採購部門就是壓低原料進貨價格，經常用大量購買來要求數量折扣，很可能根本不管存貨有多少。

如此看來，每個部門都對營運資金的管理漠不關心。

這和現在經營者普遍只重視ＰＬ（損益表）脫不了關係。只會要求「提高銷貨、縮減成本、提升利益」的經營者，不懂營運資金的重要性。因為營運資金是資產負債表的科目。

但是，理由不僅是如此。縮減存貨說來容易，卻不是光靠單一部門就可以完成的任務。比如說，製造部門考慮要減少存貨，但業務部門不想失去銷貨的機會，便要求維持大量存貨。

還有，同前面所述，採購部門或許為了降低成本，不管存貨如何，總之就是大量購買。

相關部門	採購	製造	業務
具體行動 （改善銷貨・利益）	壓低原料 進貨價格	提升產值 降低成本	提升銷貨收 入營業利益
具體行動修正 （營運資金的管理）	支付期間・ 修正存貨水準	修正存貨 水準	縮短銷貨 貨款的 收款期間

【圖表11】 營運資金管理的具體行動

要縮減存貨，公司必須要先擬定大方針，制定任務的優先順序，再進行銷貨、生產及採購的計畫。

然而實際上業務部主管、製造部主管、採購部主管都只關心各自部門的利弊，最後仍只考慮對自己最好的方向。

能統整橫跨各部門連貫機能的人，才能勝任CFO（首席財務長）。營運資金的管理就如故事中ZenTech的重建任務，各部門運作不該各自為政，跨部門的聯繫是絕對不可缺少的。

進入備戰

第5章

社長室
好，我知道了。
Mr. 田端，設備投資計畫全面停止，包含現在進行中的項目。
Miss 工藤，研發專案也全部暫停。
啪
社長，我認為設備投資和研發計畫要先篩選出應該繼續進行的項目，再來決定方針。
而且…
哪來那麼多時間！你不知道這一眨眼功夫現金就燒光了嗎！
我很清楚。

你們可以出去了。
喔，是…
告退。
嘰…
喂！Mr.陣內！
驚
嚇
Asset restructuring（資產重整）你打算怎麼辦啊！
我有次要的方案。
你在說什麼夢話！這樣下去我們可就得裁員了喔！

會議室
B
使用中
太好了，社長也同意朝這個方向進行。
才不好吧，社長的怒吼聲我們在走廊都聽見了耶！
砰
他都這樣啦！
社長說什麼呢？
說我想得太容易。
他要我去進行Asset restructuring…也就是
資產重整。
記得松下幸之助說過的嗎？
對。
資產中什麼是有助於增加自由現金流量的？
資產列表2015
「資產是錢變的」

企業價值可分為事業價值和非事業資產價值吧。
對啊！非事業資產價值。
說到這，我們公司有招待所呢。
不只這個，還有一些交叉持股之類的投資。
B社股票
A社股票
A社
B社
我們和客戶為了業務上的往來，會互相持有對方的股票。
賣掉這些股票，銷貨額不就更降不下來。
不，會不會降下來必須要個別評估。
我認為總公司大樓必須賣掉。
蛤？
總公司大樓!?

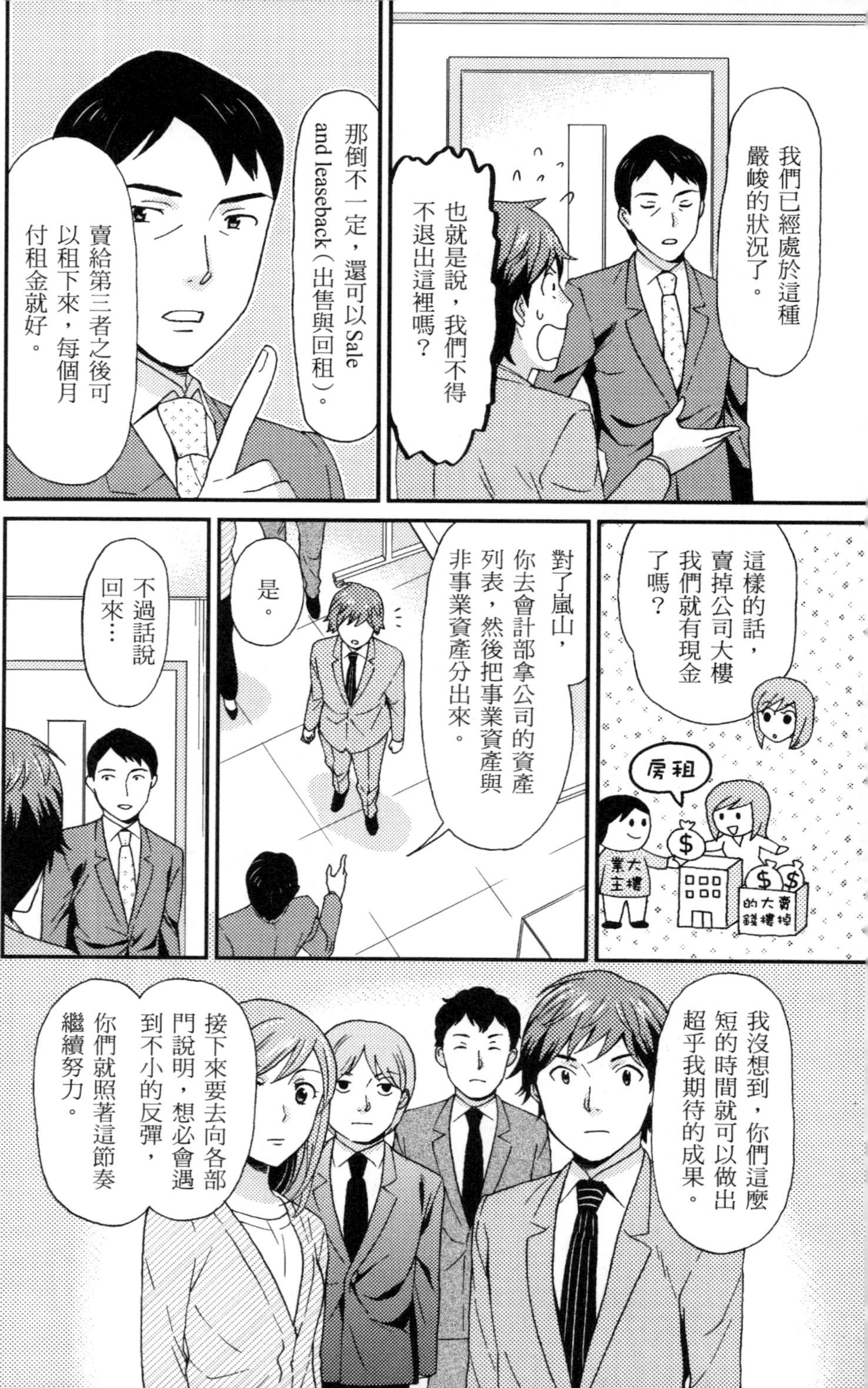
我們已經處於這種嚴峻的狀況了。
也就是說，我們不得不退出這裡嗎？
那倒不一定，還可以Sale and leaseback（出售與回租）。
賣給第三者之後可以租下來，每個月付租金就好。
這樣的話，賣掉公司大樓我們就有現金了嗎？
房租
大樓業主
賣掉大樓的錢
對了嵐山，你去會計部拿公司的資產列表，然後把事業資產與非事業資產分出來。
是。
不過話說回來…
我沒想到，你們這麼短的時間就可以做出超乎我期待的成果。
接下來要去向各部門說明，想必會遇到不小的反彈，你們就照著這節奏繼續努力。

業務部
喂，嵐山…什麼風把你吹來啊，這麼突然。
村上被調走已經讓我們人仰馬翻了，還叫我重新考慮交易條件？
是的，想請您依客戶別的交易條件，重新訂定價格及收款期限。
一邊漲價一邊要人家早點付錢，怎麼能跟客戶這樣要求啦！
經理說的我都了解，老實說被別的部門指揮的時候，我也會很火大。
但是，我們的狀況真的很糟，沒時間再爭論這些了。

這次真的…很可能會破產！
！
公司真的這麼糟糕了啊…
…那你們有什麼具體的點子嗎？
讓全部的業務員都採用我的銷售方法。
你的銷售方法？說明一下！
…是！
ZenTec股份有限公司 栃木工廠
ZenTec股份有限公司 栃木工廠
田端，你說的我都了解！
執行室

坐正
我們並不是完全不管庫存，
我們的生產計畫都是根據業務的銷售計畫來訂定。
期中把銷售計畫無預警下修的可是業務部那邊，
工廠倉庫裡賣不掉的產品早就堆積如山了。
ZenTech 栃木廠長
內藤琢巳
我們製造部門的任務就是維持產品品質，和在交貨日之前生產出決定好的數量。
我非常同意。
嘶嘶…
反倒是會計那邊也會叫我們增加產量。
會計部為什麼會那樣要求呢？
因為產量增加，每一個的成本就降低啊！
不過存貨也會增加了啊。
對啊。
喀恰
內藤先生，打擾了。

真抱歉！剛剛去參加另外一個會議，這麼遲才過來打招呼。
哦
陣內先生，我才剛跟他們兩個談完。其他部門的經理私底下對你是諸多抱怨，不過我會盡可能配合啦。
太感謝了！
要是像內藤先生這樣體恤我們的人多一點就好了…
砰
我剛說到會計那邊要求我增加產量。
產品的平均成本降低，卻會造成存貨的增加對嗎？
秘密就在成本計算的方法裡。
白板借我一下好嗎？
嘶
製造成本中有原料費這種與生產數量呈正比的項目，以及勞務費、機械設備的折舊這種不成正比的項目，對吧？
嘰
嘰
嘰

是變動成本和固定成本對吧。
對，比如說，想像一家製造銷售特殊螺絲的公司。
原料費用1根30圓，不管產量如何，勞務費和其他製造經費1年需花費2萬2000圓。假設以1根100圓的價格1年銷售300根的話，利益是多少？

產量與損益的關係

增加產量就可以縮小1個的製造固定成本
最後銷貨毛利就會增加

	案例I	案例II	案例III
生產數量（根）	300	400	600
銷售數量（根）	300	300	300
銷售額（圓）	30.000	30.000	30.000
原料費（圓）	△ 9.000	△ 9.000	△ 9.000
其他製造經費（圓）	△ 22.000 (=△22.000/300×300)	△ 16.500 (=△22.000/400×300)	△ 11.000 (=△22.000/600×300)
銷貨總利益（圓）	△ 1.000	4.500	10.000
存貨（圓）	0	8.500 (=(30+22.000/400)×100)	20.000 (=(30+22.000/600)×300)

真不敢相信！
銷售額明明沒變，生產數量越多利益就越增加。

對啊，因為固定成本的2萬2000圓平均分攤，1根螺絲的平均成本就降低了。

在會計準則上，成本是銷貨時才計算，所以才會有這種情形。
案例 I
案例 II
案例 III
利益增加，但存貨卻積得更多。
咚～
利益
這些存貨要是賣不出去，光想像都覺得可怕呢！
沒錯，因為其他製造經費的2萬2000圓現金，已經支出了。
別擔心啦，我就是來談這件事的啊！
真令人吃驚啊…我今天才知道原來生產數量的變化，對利益有這麼大的影響，慚愧啊！
接下來該怎麼做才好呢？
!!

工藤，妳應該知道我們的目標是什麼吧，降低成本啊！
ZenTech
股份有限公司
將供應商分級，再個別交涉，妳以為我們時間很多嗎！
還要我去掉一半的供應商？有沒有搞錯！
採購部經理　小林武男
我們非常理解小林經理您的顧慮，但是，這和過去縮減成本的方法截然不同。
一般來說…
這種事應該是你們的上司出面來拜託我才對吧？
什麼拜託？
喂！
怎、怎樣啦！

經理，
我們現在像是搭著鐵達尼號，眼看就要沉船了，在這節骨眼，您還有時間逞口舌之快嗎？
知…
知道了啦！
嘖
我會配合啦，但是可沒辦法再派人給你們了！
了解。
這是計畫書…
內容是…
嵐山，
情況怎麼樣？
目前都很順利，只要能決定好最優先目標，我們幾個就快馬加鞭執行。
喀恰
陣內經理在嗎？

田端…還有小林經理，發生什麼事了嗎？
供應商X公司倒閉，已經停止供應零件了！我們現在正在搬X公司倉庫裡的零件，不過聽說生產線今天就要停止了。
！
我可是照你的指示縮減了供應商喔！
所以我才說應該要多方訂購來分散風險啊，現在你說要怎麼辦！
給我看看X公司的評估資料。
是。
經營力是B級啊！
翻…
如果近期的財務報表都屬實應該就沒有問題啊，難不成他們有粉飾？
小林先生，這個零件都沒有其他供應商製造嗎？
就是剔除到剩X公司一家，才有辦法大幅縮減成本啊。
剔除到剩一家!?

又、又不是我的錯！
如果去拜託以前的供應商幫忙呢？
因為我們的決策都結束合作關係了呀，你要我拿什麼臉去拜託啦！
我們來拜託，請給我供應商的名單。
田端，你把生產線停止就會造成無法交貨的客戶列表給我。
是。
嵐山，走吧！
是！
A股份有限公司
之前你們自己片面終止合作，現在又來說「要恢復往來」？
ZenTech…這不是太隨便了嗎？

A股份有
(股)B
C商
我可沒空陪你們玩啊。
喀噠
(股)E製造廠
E製作所
(股)J集團
(股)K鐵
我們公司從上一代就受到ZenTech諸多關照，
困難的時候要互相幫忙嘛！
C商會
真、真的嗎？
不過，我有條件。

這次的特別訂單
我要求付過去2倍的價格，
還有，和我們公司恢復往來。
2倍…!?
先不說價格，
我們不能恢復往來。
……
…陣內經理，
剛才的C商會有什麼不對嗎？
嵐山，你有沒有注意到那個社長室哪裡怪怪的？
哪裡怪怪的？

您這麼一說，是有點亂七八糟。
是吧？製造廠要井然有序，這是基本中的基本。
我們和那家公司停止往來是因為品質問題。
品質的問題，可不是一朝一夕就可以改善的。恢復往來是不可能的呀！
原來如此！也沒有閒工夫講這些了。
您有什麼好辦法嗎？
沒有啊！
我知道了！我想到有個地方可以去看看！
噠！
嵐山!?
陣內經理您先回公司吧！
ZenTech
股份有限公司

嗶嗶嗶
嵐山你到底去哪裡？
我找到了！
但價格是2倍，可以吧？
!? 哪裡？
Z社。
你…那不是競爭對手嗎!?
有熟人嗎？
我認識他們的櫃檯小姐，
在宗鄉的室内足球社認識的。
櫃台小姐啊……
好吧，你回來再說給我聽，
那我掛了。
陣內經理可以借一步說話嗎？
嗶
…會計部坂井經理，
你手下那個嵐山，他對資產列表很執著的樣子呢。
會計部經理　坂井範夫

我應該先向坂井先生說明事情原委，再讓嵐山去會計部找您。
嗯？…您的意思是？
我不是指那個啦！
這次這個老外社長是不是搞錯了啊！
公司能賣的資產我們都已經賣了耶。
真的是您說的這樣嗎？
什麼？
那這棟大樓呢？
！
你這話是認真的嗎？這棟大樓是泡沫最高峰時期蓋的耶！
現在賣掉可是要虧大錢的呀！

我很認真啊，賣掉或許會虧錢，但那是會計上的問題，並不會發生現金支出吧。
這、這我懂啊！但是你們要怎麼跟股東交代？
我相信債權人和股東願意支持我們賣掉資產來清償負債。
好的赤字和壞的赤字應該有差別。
……
坂井經理，我有事想拜託您。
拜託我？
是的，業務部過去對應收帳款的回收或是與客戶的交易條件都不怎麼用心，
而會計這邊，也不在乎客戶的信用風險，只是照著既定的會計程序在處理。

按部就班照程序走有什麼不對!?
我沒說不好，我的意思是那樣還不夠。
我可不想聽你這種空降部隊在那下指導棋。
…只要能救這個公司，你要怎麼說我都無所謂。
我們要建立業務部和會計部的合作模式，請您配合。
喀
…還有坂井經理，那種故意增加產量，假裝利益增加的事，
喀
千萬不要再做了。
喀
喀
隔天
大會議室

專案內容看來已經大致底定，就這樣進行吧！
社長，關於您要求賣掉與客戶交叉持股的股票，
這樣的話，對方很可能就不買我們的產品了…
啪
…Mr.今井你是經理吧？
你以為公司為什麼要付你那麼多薪水？
隨便找個理由就說辦不到，那是菜鳥才會說的話，想辦法辦到才是你的工作。
是、是…

Mr.坂井，剛才有關縮減成本的簡報，你沒有講到分類在其他項目一年有數千萬圓的費用吧？
那是因為金額很小……才會編在其他項目。
我看你也搞不清楚自己的立場。
金額是多是少，不是你來決定，是我！
成本縮減沒有禁地！
非常抱歉……
Mr.小林，你的提案沒有提到，要去跟每家供應商提出所有付款期限都延1個月，至於進貨價格及其他條件，當然還是照舊。
嗯，可是……
你想說什麼嗎？
沒、沒有……
瞪
社長，我有話要說。

付款延期會造成供應商資金調度的負擔，
我們的客戶也有中小企業，零件供給發生問題的話就本末倒置了。
還有委外法*等誠信上的問題，我認為這一點還是要慎重行事比較好。
喀嘡
…好吧，沒辦法。
喀
我等一下還要跟Tech First匯報，
喀
你們各自繼續去進行專案吧。
砰
不要慢吞吞的！
社長平常都這樣嗎？陣內經理辛苦你了！
不只是我啊，接下來大家都會很辛苦。

*委外法：為維護業務委外的公正性以及外包公司的權益所制定的法律。

過濾可變現的非經營性資產

■資產重組（資產管理）

企業再生僅是業務上的改善，並不足以創造現金流量，還必須要進行**資產重組**（**Asset Restructuring**）。徹底過濾出對增加事業的自由現金流量並無太大貢獻的非事業資產（閒置資產），轉換成現金，是最重要的任務。

日產汽車的重建計畫就宣示以下策略，並徹底執行：

「日產現在持有一三九四家公司的股票，今後將以費用對效果的觀點，積極賣出，轉換現金。此外，更計畫在三年內對土地、股票及非核心資產進行處分，另有存貨縮減計畫，將庫存與目前銷貨的比例縮減至30％。」

ZenTech的故事雖然還沒發展到這一步，但日產汽車已進行到工廠等事業資產的統合與廢止。

關於變賣資產，當市價比帳面價格低的時候，就會出現損失。

但這只是會計上的問題，實際上並沒有現金流失。如果變賣資產所獲得的現金能夠縮減有利息負債，債權人、股東等利害關係人也應該都能接受。**討論變賣資產的對錯**本就不該從利益層面，**而是基於現金流量的考量**。

變賣資產有一個重要的準則，即**市價報酬率（Return on Market Value）**。某資產賣出時的價格（市價，Market value），應與繼續持有該資產可獲得自由現金流量的現在價值比較，來評估是否應賣出。

在日產汽車的重建計畫，因變賣非核心資產，二年總共獲得五千三百億圓現金。

這些因變賣所得的現金，不僅大幅縮減了汽車事業的有利息負債，還有剩餘資金可投入企業核心的汽車事業發展。

■全部成本計算與直接成本計算

成本計算有分適用於製造業的「**全部成本計算**」，與適合買賣業・服務業的「**直接成本計算**」。銷貨成本大致可分為三項製造成本，分別是原料費、勞務費、其他經費（折舊費用等）。

所謂全部成本計算，是算出各產品平均一件的固定費，計算每件商品的成本。這是明文規定的結算表計算方法。以全部成本計算，即使銷貨收入不變，收益也會因生產數量不同而改變。

我們利用陣內所舉的例子，再仔細看一遍。

陣內提出一個重點，製造成本中，有依生產數量比例的**變動費**，如原料費等，還有不隨生產數量改變的**固定費**，如勞務費、機器設備等的折舊費用。

故事中所舉的例子，是專營特殊螺絲產銷的公司。每根的材料費是三十圓，無論生產數量多少，勞務費和其他經費一年要二萬二千圓。假設平均一根螺絲一百圓，一年賣三百根的話，我們看看銷貨毛利如何隨生產數量變化。螺絲一根的平均材料費三十圓是變動費，還有不論產量多少，都不會發生變化的勞務費及其他經費二萬二千圓，是固定費。

故事中令結衣和田端吃驚的是，儘管銷貨收入不變，銷貨毛利卻因生產數量增加而變多。在全部成本計算中，製造固定費二萬二千圓是生產的產品全部均攤，因此，生產數量增加時，平均一根的製造固定費就會變少。例如案例Ⅰ，平均一根的其他製造經費約七十三圓（＝22000/300），案例Ⅱ則降低為五十五圓（＝22000/400）（請參照圖表12）。

但是記到損益表上的製造成本，只有銷貨數量三百根（九千圓）的部分，所以因其他製造經費降低的緣故，結果銷貨毛利就增加了。

另外，還必須注意存貨變多。案例Ⅲ的生產數量變六百支，表面上看起來，其他製造經費只有一萬一千圓，卻有二萬二千圓的現金支出，也是不能輕忽。

再來是買賣業．服務業適用的「直接成本計算」，我們以同樣的例子來算算看銷貨毛利。直接成本計算（圖表13）是其他製造經費二萬二千圓的固定費不以全部製造產品來平均分攤，而是將全部費用入帳，所以不管生產數量多少，銷貨毛利的金額都不變。

我們看過製造業的損益表依規定要以全部成本計算來製作，因此，為了均攤製造固定費，很容易造成生產過剩的問題。

全部成本計算時，生產數量增加，每件產品的製造固定費就會變小，結果帳面的銷貨毛利就會增加。

	案例 I	案例 II	案例 III
生產數量（根）	300	400	600
銷貨數量（根）	300	300	300
銷貨收入（圓）	30,000	30,000	30,000
材料費（圓）	△9,000※	△9,000※	△9,000※
其他製造經費（圓）	△22,000※ (△22,000/300×300)	△16,500※ (△22,000/400×300)	△11,000※ (△22,000／600×300)
銷貨毛利（圓）	△1,000	4,500	10,000
存貨（圓）	0	8,500 (=(30+22,000/400)×100)	20,000 (=(30+22,000/600)×300)

※ 以銷貨300根的費用計算

【圖表12】 全部成本計算與損益的關係

直接成本計算時，無論生產數量多少，本期的製造固定費（22,000圓）全部入帳，因此所有例子的銷貨毛利都是△1000圓

	案例 I	案例 II	案例 III
生產數量（根）	300	400	600
銷貨數量（根）	300	300	300
銷貨收入（圓）	30,000	30,000	30,000
材料費（圓）	△9,000	△9,000	△9,000
其他製造經費（圓）	△22,000※	△22,000※	△22,000※
銷貨毛利（圓）	△1,000	△1,000	△1,000
存貨（圓）	0	3,000 （＝30×100）	9,000 （＝30×300）

※ 不管生產數量多少，均全額入帳

【圖表13】 直接成本計算與損益的關係

第6章

積極的投資評估標準

會議室
B
使用中
我向會計部的坂井經理要了經費縮減清單的其他明細…
10年前開始每個月都匯200萬圓給一家MISUMI企劃有限公司耶。
咀嚼 咀嚼
問坂井經理那是什麼公司，他也推說不知道呢。
連會計經理都不知道，是怎麼回事？
後來我問會計部的同事，聽說是前會長…現在的相原顧問他為情婦開的人頭公司。
情婦!?
相原顧問不就是那個傳說中現在還是很有影響力的人？
那可碰不得呀。
咕嚕咕嚕
蛤～!?
唉呀
開玩笑的啦！
那種事怎麼可能過得了戈登社長那一關，我們的標語可是沒有禁地的成本縮減耶。

真是的～你別嚇我啊。
喀恰
大家辛苦了。吃完午餐準備開會了喔。
可燃垃圾
社長指示…有助於公司成長的投資不能停。
!
等等，上次不是才說設備投資計畫暫時凍結嗎!?
我聽在TechFirst的朋友說，好像高層有人開始質疑戈登社長的做法，眼光太短淺。
母公司一句話就可以扭轉乾坤了，是嗎？
外商公司都是這樣啦！
田端，你知道我們公司設備投資評估標準的詳細內容嗎？

回收期法的問題點

- 忽略金錢的時間價值
- 忽略專案整體的風險因素
- 忽略回收期之後的現金流量價值
- 回收期的基準不明確

有這麼多缺點就不能用了嘛。
回收期法的問題點
・忽略金錢的時
價值
略專案整體的
因素
回收期之
金流量價
期的基準
僅供參考啦。
那該如何評估才好呢？
喀噠
用Net Present Value（淨現值法），簡稱NPV來評估是最好的。
淨現值法？
價值＞價格
就是要評估是否價值大於價格。
價值和價格是不一樣的呢。
所謂價格，是我們要付出的；而價值，是我們要取得的。
$
價值

那就是要評估取得的有沒有比付出的大，對嗎？
沒錯。
好像很難耶。
不難喔，比如說1根紅蘿蔔賣100圓，
你要買的時候會怎麼做？
嗯，檢查有沒有損傷然後才買。
$100
價格
價值
$100
對吧？仔細端詳，感覺這根紅蘿蔔價值超過100圓才決定買，投資評估也是一樣。
投資機械設備，購買的其實是這台機械設備未來可以產生的自由現金流量。
最新機種！
比過去的功能加強30%！
我們不會花2億去買價值只有1億的東西吧？

仔細想想，這是理所當然的嘛。
只是財務管理還必須考慮金錢的時間價值。
因為1年後的100萬圓和5年後的100萬圓，現在價值不一樣。

NPV（Net Present Value）是指計畫產生的自由現金流量（FCF）現在價值與初期投資額的差額

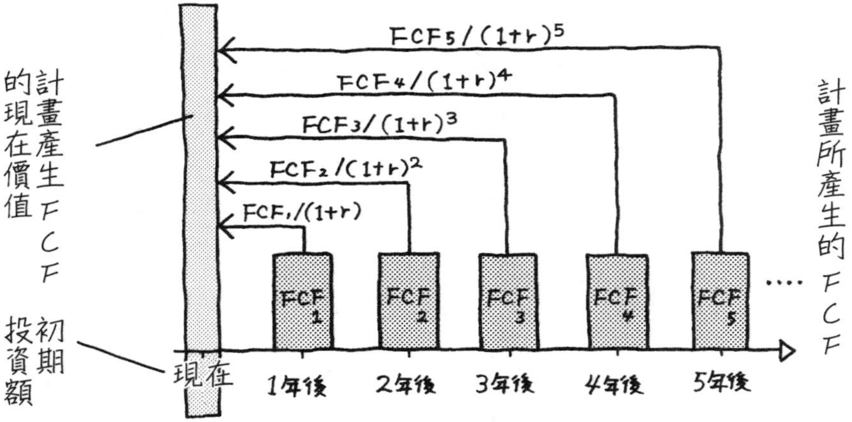
計畫產生FCF的現在價值
初期投資額
計畫所產生的FCF
FCF5/(1+r)5
FCF4/(1+r)4
FCF3/(1+r)3
FCF2/(1+r)2
FCF1/(1+r)
FCF 1
FCF 2
FCF 3
FCF 4
FCF 5
現在
1年後
2年後
3年後
4年後
5年後

NPV＝計畫可產生FCF的現在價值－初期投資額

依收到的時間點而有不同價值的，就是金錢。
將各時間點的自由現金流量折算現在價值的合計，就是投資初期的價值。
初期投資額是指付出的錢嗎？
對。

算出的差額就是淨值對嗎？
沒錯！NPV比零大就執行投資，比零小就作罷。
NPV的概念我是懂了，但計算現在價值的折現率該怎麼定呢？
啊
我也正好想問。
好問題。
企業從債權人和股東調度資金進行事業活動，而債權人和股東要求報酬率。以企業的立場來看，就是負債成本和股東資金成本
加權平均之後，稱為加權平均資金成本，就以此為折現率。
嘰
嘰

評估投資時所使用的折現率是
WACC（加權平均資金成本）

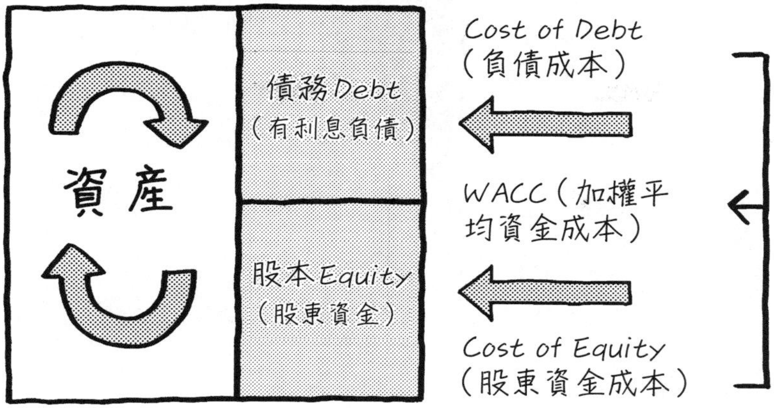

田端，WACC變高的話NPV會怎樣？
債務Debt
（有利息負債）
嗯……會變小。
對，折現率高，投資計畫所產生的自由現金流量（FCF）的現在價值的合計就會減少，NPV也就變少了。
折現率
NPV
要提高NPV，就看能增加多少FCF，還有減低多少WACC。
咦？那就跟事業價值一樣了嘛。
你注意到重點了。還記得企業價值可以分成事業價值和非事業價值吧？

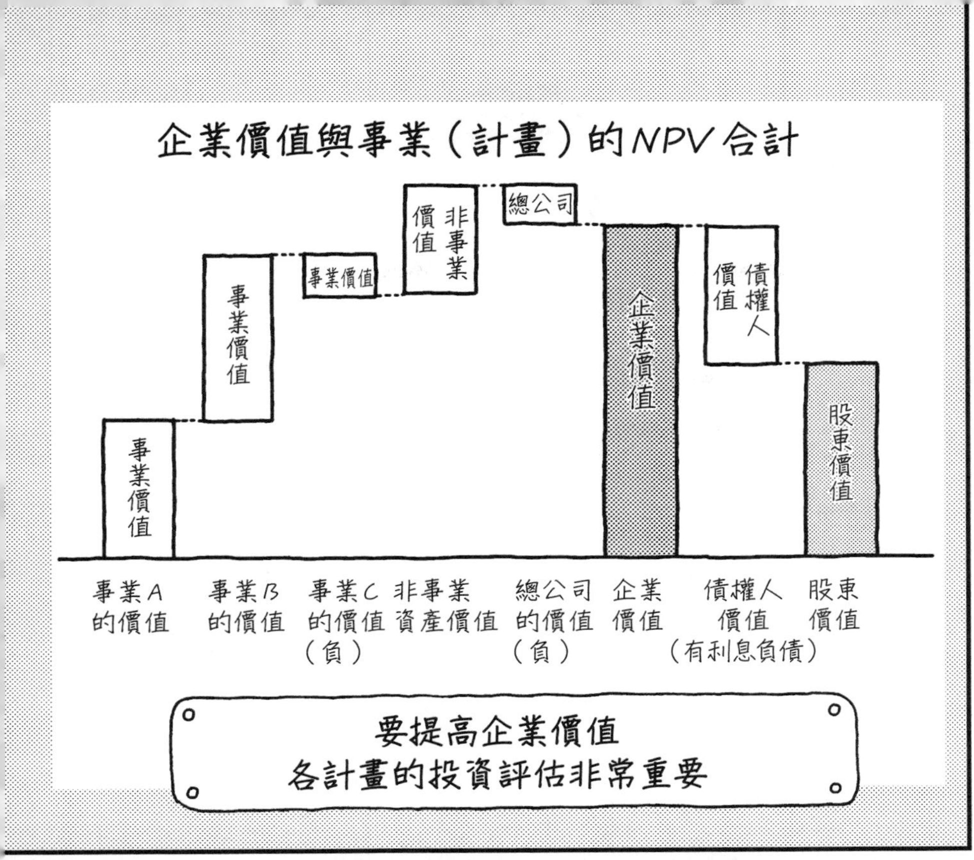
企業價值與事業（計畫）的NPV合計
事業價值
事業價值
事業價值
非事業價值
總公司
企業價值
債權人價值
股東價值
事業A的價值
事業B的價值
事業C的價值（負）
非事業資產價值
總公司的價值（負）
企業價值
債權人價值（有利息負債）
股東價值
要提高企業價值
各計畫的投資評估非常重要

企業價值也可以說是企業實行各種事業活動的事業價值（NPV）的合計。
也有像事業C這種負值的情況呢。
訂定事業計畫時的NPV一定是正值，
但實際情形，也有可能因事業環境的變化等無法依計畫進行。
客戶倒閉
機材故障
系統障礙
超乎預料的支出
日程的延遲
材料費高漲

就放著負值不管嗎？
不會那樣。
可利用槓桿操作，如果成效不彰，就縮小投資、變賣，或者必要時考慮撤資。
還有…我順便告訴你們另一種投資評估標準。
嘰
叫做內部報酬率，英文縮寫是ＩＲＲ。
內部報酬率
IRR
Internal Rate of Return
因為是比率指標，又比ＮＰＶ簡單，所以採用這種方法的企業比較多。
內部報酬率是什麼樣的報酬率呢？
就是ＮＰＶ會歸零的折現率。
價值和價格會吻合的折現率啊。
這代表什麼意思呢？

假設有一個未來將會產生自由現金流量的計畫，

IRR＝23.4%的計畫A

單位：萬圓

日期	2017年1月1日	2017年12月31日	2018年12月31日	2019年12月31日
計畫A的FCF	△1,000	500	500	500

這個計畫的IRR是23.4%。
事實上，如果將錢存入利率23.4%的銀行帳戶，就能產生與這個計畫一樣的自由現金流量。

利率＝23.4%的銀行帳戶

單位：萬圓

年度	①存款餘額（1月1日）	②利息（①×23.4%）	③領出金額	存款餘額（12月31日）（①+②+③）
2017年	1,000	234	△500	734
2018年	734	172	△500	405
2019年	405	95	△500	0

例如2017年1月1日在銀行存入1000萬圓，到12月31日會產生利息234萬圓，那一天我們要領出500萬圓。
取得500萬圓現金餘額變成734萬圓，但隔年還會有23.4%的利息，3年都取出500萬的話，帳戶餘額就會變成零。

是不是和投資計畫完全一樣的自由現金流量？
意思就是，23.4%的投資計畫，等於把錢存進利率23.4%的銀行帳戶？
…
對。
接下來的問題是，存入的1000萬圓是以多少利率調度來的？
總不能從利率30%的信用貸款借來存進23.4%的銀行帳戶吧！
掏口袋
所以才有必要拿IRR和企業的調度成本──也就是資金成本WACC來比較一下。
話說回來嵐山，假設你現在投資我100圓，1個小時後我還你150圓，這是選項A。
嘶…
或是投資1000圓我還你1100圓，這是選項B。兩個選項都沒有風險的話，你會選哪邊？

嗯~
選項B吧。
為什麼？
因為還回來的金額比較大啊。
扣
沒錯。
不過以利率來說，選項A的報酬率是50％，選項B的報酬率是10％。
100圓→150圓
報酬率 50%
1000圓→1100圓
報酬率 10%
必須當心的是，我們的目標是增加企業價值金額，而不是增加企業價值率。
簡單說，我要你們記住，IRR不能作為投資的優先考量。
利率指標用來做比較是很方便，但是必須隨時記得，金額才是我們的目標。
田端，你要趕快評估栃木工廠增設生產線的投資計畫，把檢討方案做出來。
是。
喀噠
其他人也著手進行自己的工作。
是！
ZenTech
股份有限公司

理解投資評估標準的觀念

■投資評估的決策過程

企業不投資，就不能提升企業價值。

換句話說，現在的投資足以左右企業的未來。而投資評估的決策過程如下：

①預測該投資計畫可創造的現金流量

②進行投資評估指標的計算

③比較其計算結果與採用標準，若達到標準，就進行投資；未達標準，則暫緩投資

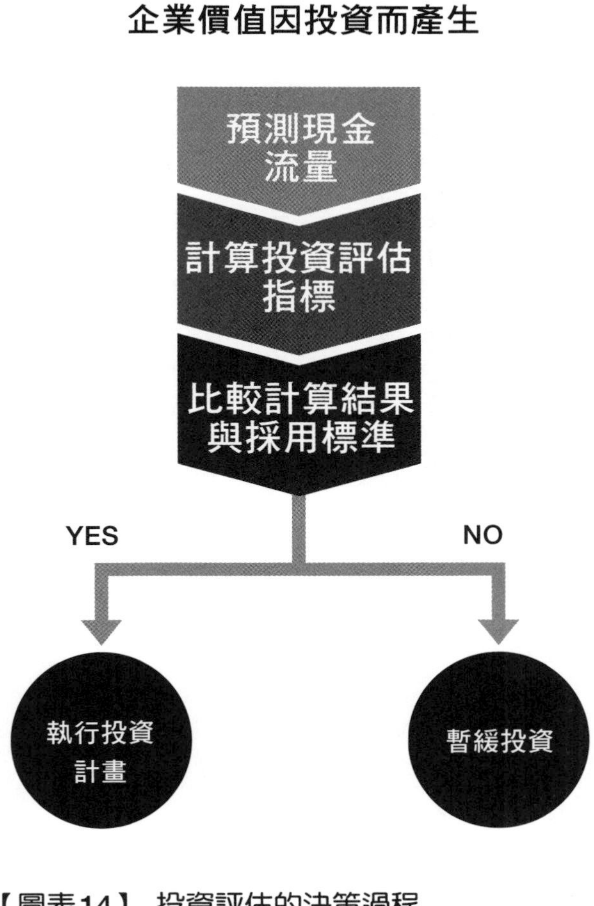

【圖表14】 投資評估的決策過程

但是，我們必須注意，這樣的過程只是定量評估，不可能設想一切的情況來預測現金流量。

技術上的問題、地區社會或環境、組織管理、法律，還有經營者的想法等，這些難以定量的定性因素，也應該要列入考量，做出統合評估。

■NPV（淨現值）法

所謂投資計畫，即是「購買該計畫未來可能創造的自由現金流量」，而評估的標準在於，可以比未來的自由現金流量現在價值更低的價格買進，就會是「好的投資」。

將投資計畫未來可產生自由現金流量的現在價值，減去初期投資額，就是NPV（淨現值Net Present Value）。

算出NPV若為正值，就「執行投資」。

相反的，若NPV是負值，就「暫緩投資」。

■折現率使用WACC

先前說計算NPV，就是將未來的自由現金流量折現，但折現率又是怎麼算出來的？

從結論來說，會用企業的資金調度成本WACC來算。WACC**就是負債成本與股東資金成本的加權平均資金成本**。

企業會向債權人和股東調度資金來進行事業活動，而調度資金的時候，自然會產生相對應的成本。

債權人提供融資會要求支付利息以作為回報，對企業來說，這就是成本。債權人的要求報酬率，我們稱為「**負債成本（Cost of Debt）**」。

從債權人看來，負債成本是向經營者要求的報酬率；對經營者而言，則是向銀行等借款，或是發行公司債時，表示應支付利息的利率。

債權人的要求報酬率稱「負債成本」，股東的要求報酬率則稱為「**股東資金成本（Cost of Equity）**」。

股東資金成本是經營者的成本支出，卻是股東的報酬率。他們投資這個企業，就是為了得到這些回報。

負債成本一開始就是明確的數字，簡單明瞭，但股東資金成本卻必須依個別股東對風險的心態不同來推敲。

例如，某個股東認為「這個企業風險不是很大，報酬率低一點沒關係」，但或許其他股東有不同的想法，例如「這個企業未來的業績不太穩定，報酬率高一點比較安心」。

設定股東的要求報酬率時，必須考慮股東的各種想法來因應。股東資金成本的設定方法有很多，最常看到的是ＣＡＰＭ（**Capital Asset Pricing Model，資產資本定價模型）理論**。

這個理論由美國學者威廉·夏普（William F. Sharpe）所提出，此項研究曾在一九九〇年獲得諾貝爾經濟學獎的肯定。

■折現率太高或太低都不好

用於投資計畫評估的折現率，在設定上經常會遭遇難題。如先前所述，至少都必須超過股東或債權人的要求報酬率（＝企業的資金成本）。

但是，即便是同一個企業內的投資計畫，風險較高的，也就是未來的自由現金流量變動較大的，就要依照「高風險・高報酬的原則」，期待較高的報酬率。這就關係到與要求報酬率一體兩面的折現率，也要設定較高。折現率高，就表示投資計畫未來現金流量的現在價值合計會減少，NPV當然也就跟著減少。

如果NPV為負值，就要「暫緩投資」。

但若使用的折現率太低，很可能所有案子都評估「可以投資」，因此必須要參照計畫的風險，來決定折現率。

以伊藤忠商事[1]為例，他們會依投資計畫標的國或事業設定不同的折現率，進行投資評估。

■ＩＲＲ法

除了ＮＰＶ法以外，還有ＩＲＲ法也是投資計畫的評估指標。

ＩＲＲ**是內部報酬率 Internal Rate of Return 的縮寫，其定義為「投資計畫的ＮＰＶ恰好為零的折現率」**。

也可說是「價值和價格剛好一樣的折現率」。ＩＲＲ可用 Excel 的ＩＲＲ函數簡單計算出來。

我們以故事中的例子再思考一次ＩＲＲ的意義。

1 日本知名的綜合商社。

計畫A的IRR是23.4％，投資IRR23.4％，的計畫A等同於把錢存在利率23.4％的銀行帳戶中。

讓我再說明具體一點。

時間先設定為二〇一七年一月一日，將一千萬存入銀行，利率是23.4％，每年的最後一天會有二百三十四萬的利息。

當日同時領出五百萬，如此一來，帳戶的餘額變成七百三十四萬。這筆錢繼續存在銀行，第二年利率也是23.4％，二〇一八年的最後一天又領出五百萬。隔年也做一樣的事，到二〇一九年的最後一天銀行帳戶的餘額就變成零。

如此可以發現，計畫A和銀行存款產生現金流量的模式完全相同。

在銀行存一千萬，等於是投資銀行一千萬的意思。而第一年從銀行帳戶領出五百萬，就如同從計畫A拿到五百萬。

接下來第二年、第三年繼續領出與計畫A一樣的金額。所以投資內部報酬率為23.4％的計畫A，等於把錢存入年利率23.4％的銀行帳戶。

這就是IRR的本質。

■與WACC比較

以IRR法評估投資計畫可不可行的過程，簡單說，就是與企業的資金調度成本WACC做比較。其流程如下：

①預測該計畫可產生的現金流量

②計算該計畫的IRR

③若IRR大於WACC，就「執行投資」，若IRR小於WACC，則「暫緩投資」

有人認為「IRR法與NPV法不同，不用設定WACC也能算出來，比較好用」，其實不然。

討論IRR是高是低並無意義，重要的是拿它與什麼比較，而IRR**法必須與WACC比較**，這才是重點。

以先前的例子來說，「以23.4%的利率把錢存在銀行，但本金要幾%才調度得來？」沒有人會傻到拿以利率30%調度來的錢存進23.4%的帳戶裡。把錢運用在報酬率高於調度成本（＝WACC）的帳戶（＝投資計畫），才是最重要的。

■IRR法的缺點

看似簡便的IRR法，其實有缺點。

IRR是利率指標，無法因應投資計畫的規模變化。這一點非常重要，故事中陣內問翔太：「以下兩個選項，你怎麼選？」

Ａ投資一百圓，一小時後可拿回一百五十圓

Ｂ投資一千圓，一小時後可拿回一千一百圓

翔太選擇了金額較大的選項Ｂ。

但其實以利率來看，選項Ａ的報酬率是50％（＝（150-100）÷100×100%），而選項Ｂ的報酬率是10％（＝（1100-1000）÷1000×100%）。

如果以為報酬率比較高，就選擇Ａ，那可就錯了。

如果從企業價值的觀點來看，應該要選擇金額較多的選項Ｂ，因為經營者所期待的目標是提升企業價值。

換句話說，如果投資計畫的獲利率只是高，但對企業價值的貢獻不大，也沒有意義。所以說，投資評估時ＩＲＲ法並不是值得優先考慮的標準。

第7章

負債該清償到什麼程度？

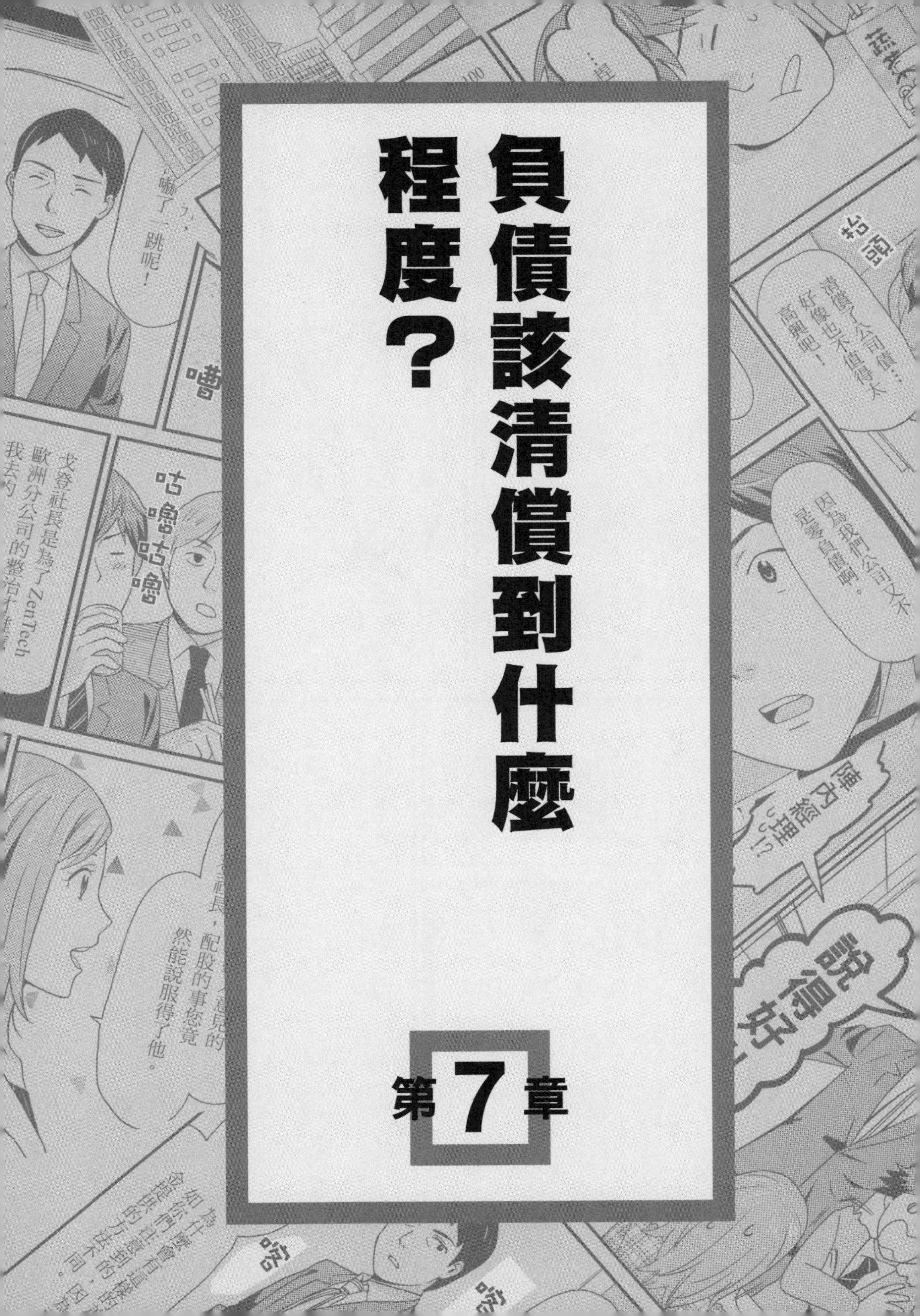

ZenTech
股份有限公司
專案小組啟動1年後…
趕上了…
蔬菜
啾
100億圓的現金流量的改善計畫終於順利清償了公司債，專案大功告成了呢。
蔬
抬頭
咦，等一下結衣，
清償了公司債…好像也不值得太高興吧！
呃，為什麼？
因為我們公司又不是零負債啊。

社長好像早就在考慮恢復發放股利的樣子。
蔬菜
300
扣
開始發股利給股東是好事吧！
是沒錯啦，但是在這之前不是還有該做的事嗎？
該做的事？
要成為零負債公司啊！
這樣才不會像這次一樣，為了清償貸款吃足了苦頭。
而且不用支付利息的話，利潤和現金才能增加。
計畫書
原本為了調度資金，有向銀行貸款或發行公司債等債權人調度，以及向股東調度兩種方法對吧。
嗯，陣內經理說過，企業的調度成本…是不是叫做資金成本？

嗯，也叫做負債成本與股東資金成本的加權平均。
是WACC嘛。
負債成本和股東資金成本，哪一個比較低？
嗯～股東資金成本吧？
許多企業致力成為零負債公司，是因為負債成本很高對不對？
而且向股東調度股本還可以不用還，
對公司來說很划算。
公司的負債成本和股東資金成本，從債權人和股東的角度來看，就是要求報酬率囉。
嘶…

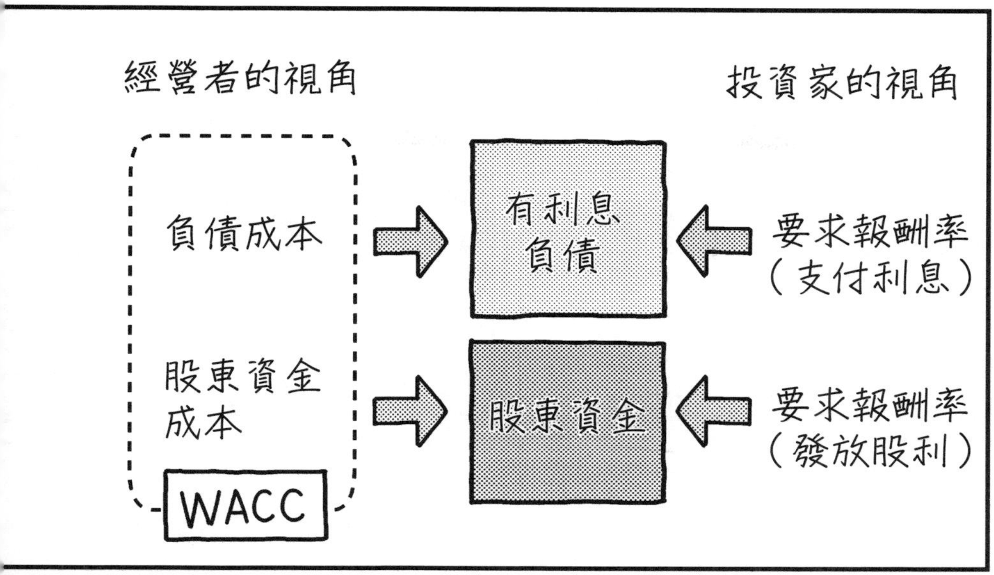
經營者的視角
投資家的視角
負債成本
有利息負債
要求報酬率（支付利息）
股東資金成本
股東資金
要求報酬率（發放股利）
WACC

面對他們的要求，我們要做什麼？
對債權人支付利息、發放股利給股東，對吧！但我們公司還沒有發放股利耶。
是啊，不過我有聽說過，微軟公司創業以來，有25年以上都沒有股利耶……
蛤—真的假的!?
捏扁

為什麼股東不向社長比爾蓋茲要求股利呢？
嗯！
我懂了！是成長啦！也就是說手上的股票價格一直上漲的話，即使沒有股利，股東也很滿意。
嘰嘰
股利和股價上漲啊。
要求報酬率（股利）＋股價上漲
那提供資金的回報，得到與得不到的變數，哪一邊比較大？
為什麼這麼問？變數就是風險吧？
妳是說債權人和股東哪一邊的風險比較高？
對。
扣
嗯～哪一邊呢……
咦？我們公司寧願停止股利而優先清償公司債，
就是因為，公司債的清償是與債權人簽約說好的。

但是公司並沒有和股東特別約定股利和成長。
對啊，報酬變數比較大的是股東啊，所以說…
因為是高風險，才會要求高回報嘛。
股東的要求報酬率，對公司來說就是股東資金成本，所以說，
比起負債成本，股東資金成本比較高啊！
股東
負債成本
股東資金成本
要求報酬率
驚人的結果呢。
我以為零負債公司就是好公司，沒想到那樣的公司WACC就會很高了呢。
嘰嘰

砰！
驚嚇
說得好!!
陣內經理!?
嚇我一跳……
貸款越少越好，是銀行這些債權人的觀點。
對股東來說，什麼樣的公司才是好公司呢？
股東多半重視成長。
換句話說，他們要求的是業績蒸蒸日上。
喀
所以我認為，適度增加有利息負債並不是問題。
喀
為什麼會有這樣的差異，如你們注意到的，因為資金提供的方法不同。

我來說說企業周邊的利害關係人與損益表之間的關係吧！
喀恰
利害關係人嗎？
企業的利害關係人有客戶、進貨來源、職員、債權人、政府和股東這些組織。
進貨來源
股東
客戶
Zen Tech
債權人
政府
職員
企業向客戶提供產品或商品、服務，以此提升銷售業績，
然後再分配給利害關係人，而排在分配次序最後的就是股東。

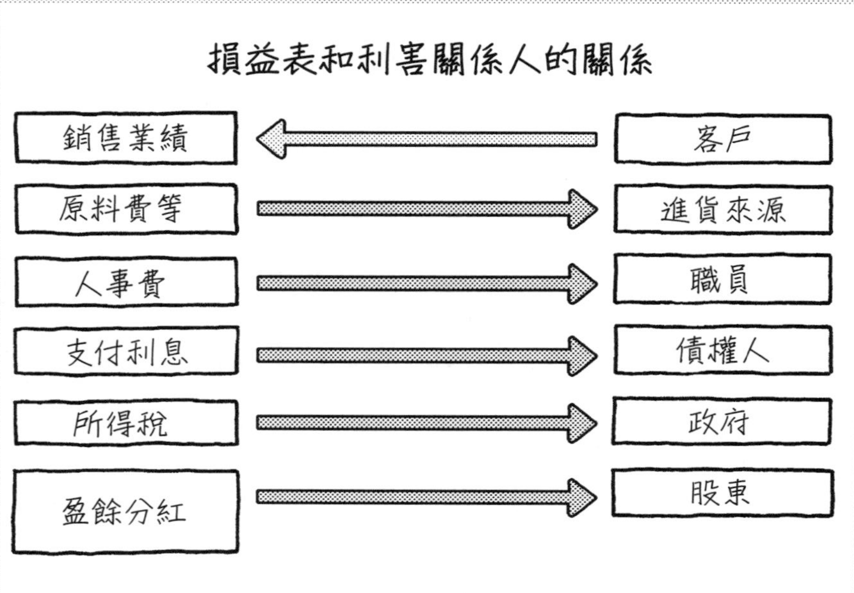
損益表和利害關係人的關係
銷售業績
客戶
原料費等
進貨來源
人事費
職員
支付利息
債權人
所得稅
政府
盈餘分紅
股東

真的耶，剩下的盈餘就分給股東，對嗎？
對，要優先清償本金和利息給債權人。
看了這個列表，我就了解股東比較重視公司成長的理由了。
對債權人來說，公司只要不倒閉，能依照契約給付本金和利息，就沒問題了。
企業可以穩定產生現金，就是他們希望的。

你們一定要分清楚，債權人和股東想法的不同，尤其是IR部的人，不懂這一點會很麻煩。
IR部…？
我們公司有這個部門嗎？
喀噠
過去和公關部在一起，不過我建議社長應該要成立IR部。
頭一次聽到IR耶。
公關和IR不一樣嗎？
什麼的簡稱啊…？
IR就是Investor Relations的簡稱，
是負責與投資人建立關係的部門。
Investor Relations
和公關是不一樣的囉？
對！所以才有必要設立IR部。
IR的任務是降低WACC。

降低WACC？
要降低投資人的風險意識。
簡單說，企業要和投資人從普通朋友變成好朋友。
成為好朋友的話，他們要求的報酬率就會降低。
換句話說，企業的WACC就會壓低。
距離 遠
高 風險
投資家
距離 近
低 風險
投資家
這樣啊！但怎麼做才能跟投資人成為好朋友呢？
想想看，妳現在最好的那個朋友是怎麼來的，就知道了呀。
嗯
因為她人很實在吧。
企業也一樣啊，業績總有好的時候和壞的時候，誠實以對，在適當的時機公布適當的資訊，表現誠實的一面，是很重要的。
ZenTech
股份有限公司

我以前的公司
Debt IR
Equity IR
Debt IR和Equity IR還分屬不同的部門，
理由是來往的方式不同。
對債權人強調公司的成長，對方也不會領情。
而對股東，再怎麼強調經營穩定，也沒有用。
和利害關係人的關係
客戶
進貨來源
職員
債權人
政府
股東
哦
我該走了。
要開會嗎？
要和社長開會討論有關發放股利的事。
是要恢復發放吧？
嗯。
討論的重點是時機和金額吧…
緊緊
社長室

Mr. 陣內，
你是反對我的想法嗎？
關於恢復股利我當然是贊成，
我指的是時機和金額。
公司股票上市以來第一次發放高股利，為什麼不可行？這樣才能向內外宣示我們公司的業績恢復了啊！
我們公司未來也必須成長下去。
我認為應該要先確保投入研究開發和設備投資等的現金才對。
你以為 ZenTech 是靠誰才能撐過來的啊！是 TechFirst！
砰！

要不是我們及時投入現金，你們早就倒閉了！
回收我們投入的錢有什麼不對！
月刊 BUSINESS
TechFirst 旗下的ZenTech 將如何轉型？
熱門股票
我還是那句話，我並不反對發放股利，
只是沒有必要釋出前所未有的股利金額，而且我認為目前為時尚早。
對母公司 TechFirst 來說，比起現在取得高額股利，
更重要的是，期許公司未來的成長，不是嗎？
你為什麼會這麼說!?
嘶
這是我對將來現金流量的預測，
一個是下一季開始發放高股利；另一個是先投資研究開發和設備投資，5年後再開始發放股利。

喀
喀
以結果來看，TechFirst可以獲得的現金流量的現在價值合計，是後者比較大。
嘶
這樣的結果，是取決於研究開發和設備投資都進行順利，現金流量才會增加。
當然如此。
不過我對未來發展的前提條件，想法還是比較保守。
什麼？
啪啦…
……
好吧，我知道了。

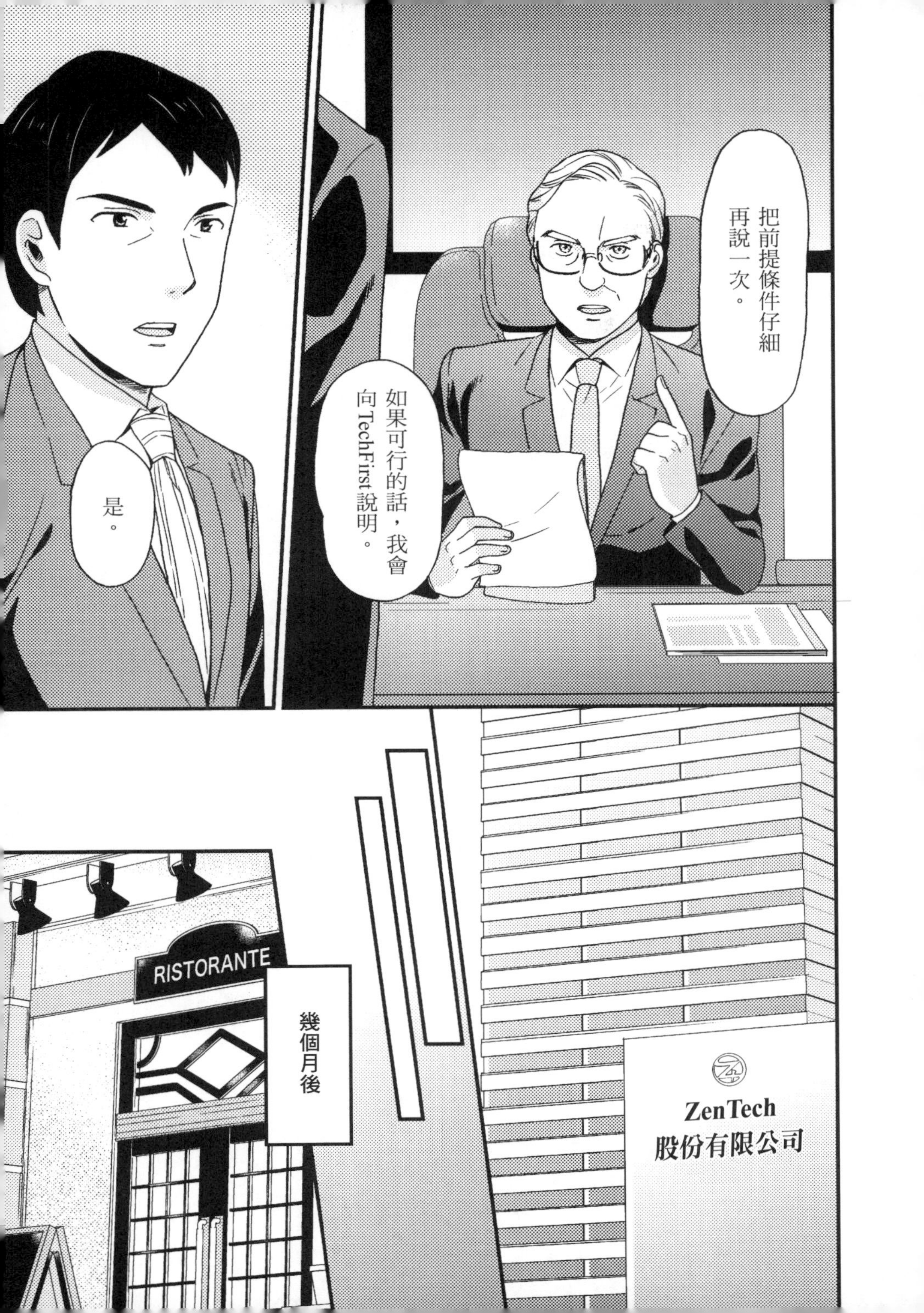
把前提條件仔細再說一次。
如果可行的話，我會向TechFirst說明。
是。
ZenTech
股份有限公司
幾個月後
RISTORANTE

哇
都拿好杯子了嗎？
好
開始了喔！
咳！
哇
呃～今天這聚會…
要恭喜陣內經理榮升ZenTech歐洲分公司社長！
祝福他今後步步高升，讓我們為他乾杯！
乾杯!!

嘈
嘈
話說回來，陣內經理您這次的高升，我們都嚇了一跳呢！
我自己也嚇到了。
據說是TechFirst那邊欽點的。
咕嚕咕嚕
戈登社長是為了ZenTech歐洲分公司的整治才推薦我去的。
哦⋯
不過從來都不聽人意見的戈登社長，股利的事您竟然能說服得了他。
對啊。
什麼都能說服的口才，有什麼祕訣嗎？

沒有祕訣啦，應該是因為我所說的不是為自己得利，而是為對方著想的啊。
我經常注意能用什麼打動對方，隨時準備好可用以討論的數據。
那個～陣內經理，
舉
手
能不能帶我一起去！
已經喝醉啦…
你要代替我留下來處理後續，好好待在這裡累積經驗。
嵐山，你做得很好，不枉費我把你強行從業務部拉過來。
嗄～!?
是這樣啊!?
原來這小子的異動是陣內經理的主意啊。

我的眼光不會錯喔。
我一定還會需要你，到時候要來幫我啊，翔太！
陣內經理…
托你們的福，ZenTech總算是度過難關了。
還不能放鬆，這次所做的一切都是理所當然的，未來也理所當然要繼續下去，才不會再陷入危機。
ZenTech就拜託你們了！

喀
喀
接下來的課題是該如何銜接新的成長軌道。
期待你們今後大展身手，我也有我努力的方向。
你們看這四周，各式各樣的建築物，
這些可不像雨後春筍那樣自然長出來的，
每一棟大樓都是每一個人的理想具體實現出來的。

你們知道強烈的思想就叫做「念」嗎？
念這個字是今和心合起來的。
還有念力這個詞，
緊握
專注於現在的念想，就會產生推動事物的力量。
不是有部電影的題材就是這個？
啊！
星際大戰！
是原力
數字不會創造未來，你們每個人的念想才能創造未來。
希望你們不要忘記！

解說

無負債就是好公司嗎？

■「無負債就是好公司」是債權人的想法

資金提供者有股東和債權人。

但其實對兩者來說，所謂的「好公司」卻有不同的定義。

股東多半重視企業的成長性。也就是說，他們希望公司的業績蒸蒸日上，因此，適度增加有利息負債是必要的。

反觀債權人，他們重視的是企業的穩定，所以對貸款太多的企業較不信任，因為遇到被貸款拖垮的公司是最倒楣的了。

■債權人和股東的心理不同

那麼，債權人要求穩定，股東重視成長的理由為何呢？我們可以從損益表來看企業與這些利害關係人之間的關係。

企業的利害關係人有客戶或供應商、職員、債權人、政府或股東等人或組織。經營者藉著對客戶提供產品或商品、服務，以提升銷貨收入，向供應商調度原料，並以銷貨成本的形式支付成本費用。

從銷貨收入減去銷貨成本，就算出銷貨毛利。

接著再從銷貨毛利中支付員工的薪水等各種成本，也就是銷管費用。然後由營業利益支付利息給債權人，再對國家或地方單位等政府機關支付稅金。最後剩餘的才留給股東。

從這個流程可知道股東為什麼比較重視成長性，而且對企業要求的是「提升銷貨」。若非如此，他們就得不到任何利益。對股東來說，公司損失連累的是自己出的資金，雖然出資有限，但希望利益是無窮無盡。

而債權人雖然也同樣是資金提供者，在這個流程中又比股東優先獲利。還有，債權人的獲利，也就是利息，是在借入資金時，就已經約定好的。

換句話說，不管企業的業績如何向上，報酬都不會增加。所以說，比起業績急速成長、投資高風險、追求高獲利的企業，他們偏愛業績穩定成長的企業。

當然，因業績不振而倒閉的話，遑論利息，連本金可能都會賠下去，因此債權人對企業的成長也不至於漠不關心。

雖然同樣是資金提供者，有重視穩定的債權人，也有重視成長的股東，要記得這兩者心態上的不同。

■經營者的工作是維持事業永續

有人說，股東價值經營會忽略員工以及其他利害關係人。其實絕對沒有這樣的事。

因為獲利分配過程中股東的順位排最後，將股東的利益最大化，上游的其他利害關係人也會同時受惠。經營者最重要的工作就是維持事業的永續。

徹底刪減成本或裁員，短期間或許能增加股東的利益，但就事業永續的觀點來說，很可能是自掐脖子。所以經營者的工作是讓所有的利害關係人都能得到適切的收益分配。

■股東資本成本與負債成本哪一邊比較低？

假設你必須馬上調度一百億圓資金。

調度成本盡可能越低越好。你會選擇債務融資（Debt Finance，銀行借款或發行公司債），還是股權融資（Equity Finance，由股東出資）呢？以企業的角度，債務融資有負債成本，股權融資則會發生股東資金成本。

剛才的問題，也等於在問「負債成本與股東資金成本哪一邊比較低」。負債成本與股東資金成本若改以投資人的角度，就變成了要求報酬率。同樣一件事，卻因立場不同而說法有異，正是財務管理困難的地方。

有利息負債的提供者，即債權人，對企業提供資金所要求的回報，就是利息。那麼股東又要求什麼作為回報呢？

有股利和股價上漲時賣出的獲利兩種。

若改問股東和債權人哪一邊的風險比較大，答案是股東。債權人的獲利（利息）是早已約定好的，但股東的獲利（股利和股價上漲時賣出的獲利）並沒有任何約定。

因此，股東是「冒著風險，要求相對應的高報酬」。

換言之，對經營者來說，股東資金成本比負債成本負擔要大。

然而，企業的經營者總是很在意負債成本。

原因在於，負債成本會顯示在損益表上的利息費用。當然，股東的股利也會記在結算表上。

但是，股東提供資金的報酬並不只是股利。

讓股價上漲，也就是要求（期待）企業成長又是如何呢？

事實上，這部分根本不會記到結算表上。

話雖如此，經營者卻不能不當一回事。

如果經營者拿不出股東要求的報酬率，要怎麼辦？

試想你對某企業出資一百萬。從這個企業的風險來考量，你可能希望一年後你的出資可以變成一百一十萬（這時，你的要求報酬率是10%）。

無奈事與願違，這個企業經營者似乎無法滿足你的要求（期待）。

你應該會轉投資與這家企業風險差不多，但可期待較高報酬率的企業。

換句話說，你開始賣股票。

當經營者不能滿足股東的要求報酬率時，就會造成股價下跌。

利息費用和股利等，其實只是現金支出，卻不是成本。股東是犧牲投資其他企業的機會，來投資這個企業。

經營者必須牢記，是股東將經營的責任交付在你手中。

後記

升級與內化——讓財務管理價值最大化

衷心感謝各位讀者讀到最後。

本書的漫畫部分，是描寫一家面臨危機的企業，藉著組成跨部門小組，讓成員發揮財務管理的知識，努力重建公司的故事。如果能透過漫畫，學會財務管理，並想像現實中可以應用的場景，對我將是最大的鼓勵。

財務管理是促成企業價值最大化的工具，我們應該要學會如何使用這個工具。但是，光是這樣還不夠。因為商業不只是「作風」，「內在」也很重要。

我在ＭＢＡ學到了財務管理、策略、行銷、經營等，這些都是工具，重要的是怎麼用。但這都還只是「如何做」而已，就像是應用程式的軟體。

我自己靠著升級這些軟體而起家，但我卻感覺無法再前進。原因是作業系統（ＯＳ）沒有升級，我才發現，所謂的作業系統，就像是一個人的內在。「內在」就是自己內心的人生觀、想法等，和「作風」不同，「肉眼是看不到的」。

中國人很重視「根基」。

樹根埋在土裡，我們的眼睛看不見，但卻是一棵樹最重要的基礎。然而我們只注意看得見的部分，所以往往流於討論枝節，忘記根本。

我常常想起小王子故事裡狐狸說的話：

「世界上最重要的東西，是眼睛看不到的喔！」

商業上重要的東西，例如信用、信賴、誠實、熱情等，這些肉眼都看不見。

你當然可以學到「作風」，但也希望你能重視這些眼睛看不見的事。

如陣內所說，數字不會創造未來，你的「念想」才會感動周遭，也才能創造未來。我希望你今後能更加大顯身手。

藉此機會，我想向幾位提供協助促成此書出版的朋友表達謝意。感謝漫畫家石野人衣老師，為我所寫的劇情，以如此精緻的漫畫呈現，這是一次美好的經驗。

在劇情方面，承蒙各方人士提供諸多建言，日產汽車時代的上司．中川一夫（日產租車現任社長）提醒過我：「不懂財務管理的人，不可能勝任跨部門小組領導人喔」，為故事增添許多有益的建議。還要感謝增田泰一、佐谷進、白土新、河野靖子等人的大力協助。

另外，公司同事北川雄一幫我整理漫畫中的台詞及解說的細節，讓內容更臻完善，謹此表達我由衷的感謝。

鑽石社的高野倉俊勝在企劃、編輯的過程中，對我任性的要求諸多包容，令我銘感在心。

石野雄一

漫畫 為什麼有盈餘還是會倒閉？
從門外漢到讀懂 MBA 必修科目的 7 堂課

作　　者　石野雄一
繪　　者　石野人衣
譯　　者　蔡昭儀
副總編輯　李映慧
編　　輯　黃婉玉

總 編 輯　陳旭華
電　　郵　ymal@ms14.hinet.net

社　　長　郭重興
發行人兼出版總監　曾大福
出　　版　大牌出版／遠足文化事業股份有限公司
發　　行　遠足文化事業股份有限公司
地　　址　23141 新北市新店區民權路 108-2 號 9 樓
電　　話　+886- 2- 2218 1417
傳　　真　+886- 2- 8667 1851

印務經理　黃禮賢
封面設計　萬勝安
排　　版　藍天圖物宣字社
印　　製　成陽印刷股份有限公司
法律顧問　華洋法律事務所 蘇文生律師

定　　價　320 元
初版一刷　2018 年 1 月

MANGA DE MI NI TSUKU FINANCE
by Yuichi Ishino
Character design & illustration by Toi Ishino
Produced by TREND-PRO

國家圖書館出版品預行編目 (CIP) 資料

漫畫 為什麼有盈餘還是會倒閉？從門外漢到讀懂 MBA 必修科目的 7 堂課 / 石野雄一著；石野人衣繪；蔡昭儀譯 . -- 初版 . -- 新北市 : 大牌出版 : 遠足文化發行 , 2018.01
面；　公分
ISBN 978-986-95471-5-4（平裝）
1. 財務管理　2. 財務金融　3. 漫畫
494.7　　106021440